Pravin Phutane

Solução de baixa tensão (LVRT) para parque eólico usando STATCOM

Pravin Phutane

Solução de baixa tensão (LVRT) para parque eólico usando STATCOM

ScienciaScripts

Cover image: www.ingimage.com

This book is a translation from the original published under ISBN 978-3-659-83601-5.

Publisher:
Sciencia Scripts
is a trademark of
Dodo Books Indian Ocean Ltd. and OmniScriptum S.R.L publishing group

120 High Road, East Finchley, London, N2 9ED, United Kingdom
Str. Armeneasca 28/1, office 1, Chisinau MD-2012, Republic of Moldova, Europe
Printed at: see last page
ISBN: 978-620-8-28806-8

Dedicado à minha mãe,

Sra. Madhuri Sadashivrao Phutane

Sem as suas bênçãos, a sua ética e a educação que me deu, isso não seria possível.

Conteúdo

CAPÍTULO 1
INTRODUÇÃO

1.1 Antecedentes

As fontes de energia renováveis são o futuro da energia nos próximos tempos. Como os combustíveis fósseis estão quase a acabar e os preços elevados do petróleo e o aquecimento global vão aumentar a importância das energias renováveis e verdes. A energia eólica é uma das fontes de energia renováveis mais importantes, porque é gratuita e não polui, ao contrário das fontes de energia fósseis convencionais. É uma forma de energia limpa. A principal função da turbina eólica é converter a energia cinética do vento em energia mecânica, com a ajuda da unidade de tração, e depois, através do gerador, em energia eléctrica. Embora os princípios das turbinas eólicas sejam simples, existem ainda grandes desafios em termos de eficiência, controlo e custos de manutenção e produção. Com o aumento da quota-parte da energia eólica, a maioria dos fabricantes de turbinas eólicas está a desenvolver novas turbinas eólicas de maiores dimensões. Em 1980, a potência das turbinas eólicas construídas era de 50 kW e o diâmetro do rotor tinha 15 m de comprimento. Atualmente, têm uma potência de 5 MW e o diâmetro do rotor é de 124 m em 2003.

A ambição de combater a crise climática e energética impulsiona a utilização e o crescimento do mercado das fontes de energia renováveis. A título de exemplo, até 2020, a União Europeia estabeleceu um objetivo vinculativo de 20% do seu aprovisionamento energético ser proveniente de fontes renováveis. Para atingir este objetivo, mais de um terço da procura europeia de eletricidade tem de ser renovável, prevendo-se que a energia eólica possa fornecer 12% a 14% (180 GW) da procura total. Assim, a energia eólica desempenhará um papel preponderante no fornecimento estável de energia autóctone e ecológica.

A capacidade instalada anual de energia eólica está a aumentar rapidamente. Como se pode ver na Figura 1.1, a capacidade eólica instalada está a mais do que duplicar de três em três anos.

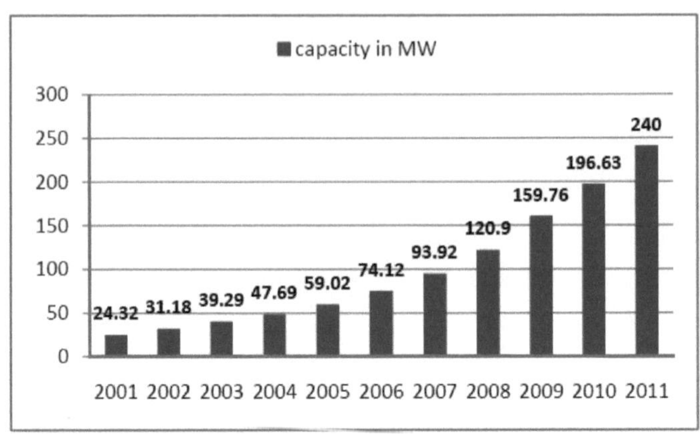

Fig.1.1 Capacidade total instalada de energia eólica no mundo em GW

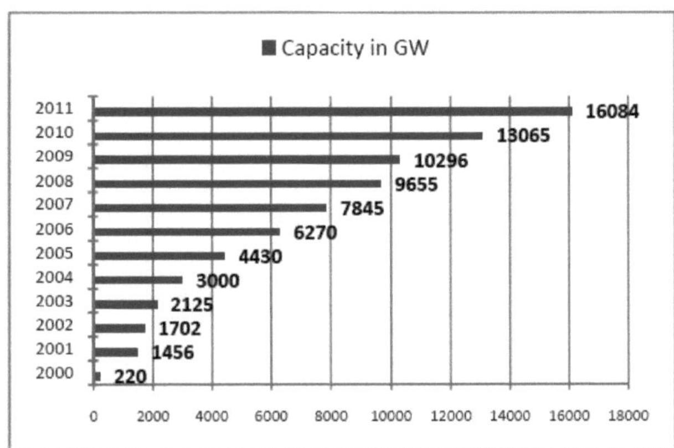

Fig.1.2 Capacidade total instalada de energia eólica na Índia em MW

Os benefícios a longo prazo da energia eólica são enormes se forem considerados os factores ambientais à luz da crescente poluição causada pela utilização de combustíveis fósseis, de que o derrame de petróleo no Golfo do México em 2010 é um testemunho recente. Com base no cabaz energético médio da União Europeia, presume-se que 1 TWh de energia eólica substitui 0,667 Mt de CO .2

1.2 Declaração do problema

A penetração da energia eólica tem aumentado a nível mundial nos últimos anos e, por conseguinte, devido a este aumento da penetração da energia eólica, o funcionamento do sistema elétrico torna-se mais difícil. Além disso, afectará a estabilidade do sistema de energia.

Inicialmente, após qualquer falha ou perturbação da rede, a instalação eólica tem de se desligar imediatamente para proteção das partes principais do conjunto eólico, como os conversores electrónicos de potência. Por conseguinte, a ligação da instalação eólica à rede requer algumas condições essenciais e a descrição destas condições é conhecida como códigos de rede

As centrais eólicas têm de se manter ligadas e não se desligarem da rede, suportando principalmente a energia reactiva da rede durante e após uma falha ou perturbação. Este requisito é designado por Low Voltage Ride Through (LVRT) ou Fault Ride Through (FRT). O LVRT é um dos requisitos principais e dinâmicos do código de rede. Este problema tem de ser resolvido, ou seja, é necessária uma solução para o LVRT.

1.3 Cenário da energia eólica na Índia

Nos últimos anos, tem-se registado um aumento notável dos programas de energia eólica na Índia. O início dos programas de energia eólica começou em 1983-84

i. e. durante 6th plano quinquenal. A principal motivação por detrás disto é a comercialização do sector da energia eólica, que é o objetivo básico destes programas eólicos. O objetivo deste programa eólico é sensibilizar as pessoas, apoiar o desenvolvimento e a investigação no domínio da produção de energia eólica e prestar apoio a projectos eólicos. A Índia é relativamente recente na produção de energia eólica em comparação com outros países produtores de energia eólica. Mas devido a políticas, várias modificações relativas a incentivos, esquemas desenvolvidos pelo Ministério das Novas Energias Renováveis (MNRE) levaram a Índia a figurar entre os cinco principais países produtores de energia eólica do mundo. Em termos de capacidade instalada de energia eólica, a classificação da Índia é 5th , logo atrás dos EUA, China, Espanha e Alemanha. Em junho de 2013, a capacidade eólica total instalada era de 19565 MW. O quadro 1.1 mostra em pormenor a capacidade eólica instalada a nível mundial, com o desempenho da Índia na classificação 5th . Do total mundial, 73% da produção eólica é assegurada pelos cinco primeiros países, ou seja, EUA, China, Espanha, Alemanha e Índia. Do total da capacidade instalada de energias renováveis na Índia, 70% da energia é gerada por turbinas eólicas. No final de agosto de 2012, a potência total instalada na Índia era de 1700 MW.

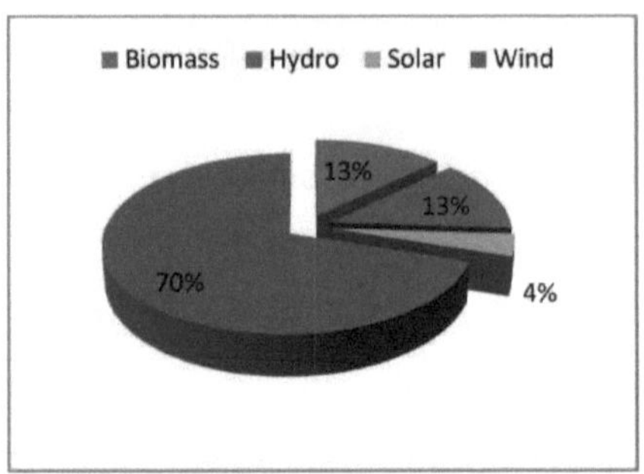

Fig.1.3 Setor das energias renováveis na Índia (fonte -MNRE)

Cenário mundial da energia eólica			
País	**Capacidade (MW)**	**País**	**Capacidade (MW)**
China	80824	Canadá	6578
EUA	60009	Dinamarca	4578
alemão	32422	Portugal	4564
Espanha	22907	Suécia	4066
Índia	**19565**	Austrália	3059
REINO UNIDO	9610	Brasil	2788
Itália	8415	Japão	2655
França	7821	Descanso	26204
Total			296065

Fonte: WWEA, 2013

Tabela 1.1: Capacidade total instalada a nível mundial (até junho de 2013)

Nos estados do sul e do leste da Índia, a produção eólica registou um crescimento muito rápido após 2012. Por outro lado, apenas a produção eólica em terra foi utilizada até à data. Mas a Índia tem quase mais de 7500 km de costa e o facto é que a produção eólica off-shore não foi iniciada até à data. Se compararmos as centrais eólicas on-shore e off-shore em termos de fator de utilização da capacidade (CUF), as centrais off-shore são sempre melhores do que as centrais on-shore.

O governo indiano também definiu políticas nacionais para a energia eólica através do Plano de Ação Nacional para as Alterações Climáticas (NAPCC). O GOVT. O governo indiano introduziu a obrigação de compra de energia renovável (Renewable Purchase Obligation - RPO), ao abrigo da qual podem ser criadas novas centrais eléctricas independentes e a energia pode ser adquirida a essas centrais mediante a assinatura de contratos de aquisição de energia (Power Purchase Agreement - PPA).

1.4 Cenário de energia eólica a nível estatal

Como já foi referido, os Estados do Sul e do Leste da Índia são os que mais contribuem para a produção eólica. Quase 95% da produção eólica provém destes Estados, ou seja, Maharashtra, Gujarat, Tamilnadu, Karnataka e Andhra Pradesh. Estas estatísticas mostram que estes cinco Estados são líderes na produção de energia eólica na Índia e que os outros Estados estão a aumentar a sua capacidade instalada. O quadro 1.2 mostra a capacidade instalada de energia eólica por Estado e a taxa de crescimento da energia eólica na Índia (até 31 de dezembro de 2012 e 20 de junho de 2013)

Com o aumento da produção de energia eólica, prever antecipadamente a interação da turbina eólica com a rede é importante para os proprietários da rede. Para os estudos comportamentais do sistema de energia, são utilizados pacotes de simulação da rede, como o simulador de sistemas de energia. Os modelos de novos tipos de unidades geradoras, como a turbina eólica, têm de cumprir os requisitos. Considerando a operação do sistema de geração da turbina eólica no sistema de energia eléctrica, é necessário utilizar o cálculo de curto-circuito, avaliações da qualidade da energia, relacionadas com o fluxo de carga, o modelo de estado estacionário para análise, etc. O sistema de rede eléctrica não pode aceitar a ligação de uma nova central de produção sem condições rigorosas, devido à flutuação da potência real e à produção de potência reactiva das centrais eólicas. Por conseguinte, a penetração da energia eólica na rede implica a tomada em consideração de questões relativas à qualidade da energia, como a variação da tensão na rede, o funcionamento de comutação das turbinas eólicas

Estado	Capacidade instalada em 31 de dezembro de 2012 (MW)	Capacidade instalada em 30 de junhoth 2013 (MW)	Crescimento (%)
Tamil Nadu	7,153	7,196	1%
Gujarat	3,093	3,250	5%
Maharashtra	2,976	3,294	10%
Karnataka	2,113	2,170	3%
Rajastão	2,355	2,717	15%
Madhya Pradesh	386	386	0%
Andhra Pradesh	435	514	18%

Kerala	35	35.1	0%
Outros	4	4.3	8%
Total	**18,550**	**19,565**	**5%**

Fonte: MNRE

Tabela 1.2: Capacidade instalada de energia eólica por estado e taxa de crescimento da energia eólica na Índia (até 20 de junho de 2013)

1.5 Motivação e objectivos

Nos últimos anos, a capacidade de LVRT de um parque eólico tem sido objeto de muitos estudos. O funcionamento contínuo de um parque eólico durante um determinado período de tempo é ditado por muitos códigos de rede europeus e norte-americanos e do resto do mundo. As integrações de energia eólica e a infraestrutura de transmissão têm de ser planeadas com base na potência nominal combinada do parque eólico. No entanto, devido à variabilidade da produção de energia, dependendo da velocidade do vento, existe sempre um baixo fator de utilização da capacidade da infraestrutura de transporte. As flutuações da velocidade do vento são transmitidas como flutuações do binário mecânico, o que conduz a flutuações da tensão, afundamento, ondulação, harmónicas, tremulação, etc. Por conseguinte, os grandes parques eólicos colocam problemas de estabilidade e controlo quando integrados no sistema de energia. No caso dos parques eólicos situados em zonas remotas, longe dos centros de carga, a capacitância e a reactância da longa linha de transmissão começam a desempenhar um papel crucial em condições de vazio e de alterações graves da carga. Isto exige equipamento de controlo e compensação adicional para permitir a recuperação de perturbações graves do sistema. Sem compensação da potência reactiva, estas situações podem provocar tensões em toda a rede e uma rede mais fraca pode provocar o seu colapso.

Os objectivos da presente dissertação são os seguintes;

1. Conceber um sistema de geração eólica e verificar a correção do modelo em MATLAB/SIMULINK.

2. Conceber um modelo de gerador síncrono de ímanes permanentes em MATLAB/SIMULINK.

3. Observar o desempenho de um sistema de geração eólica baseado num gerador síncrono de ímanes permanentes ligado à rede utilizando o STATCOM para a solução LVRT.

A implementação do STATCOM não é a solução mais económica para melhorar o LVRT de uma turbina eólica numa rede fraca, mas, tal como mencionado em muitas publicações, é a solução mais eficaz para resolver este problema.

1.6 Organização do relatório

Esta dissertação examina o percurso de baixa tensão (LVRT) de um modelo de sistema eólico com gerador síncrono de ímanes permanentes utilizando o STATCOM em termos de compensação de potência reactiva. A tese foi organizada na seguinte sequência;

O Capítulo 1 apresenta a introdução geral às energias renováveis, especialmente à energia eólica, a declaração do problema, o cenário da energia eólica na Índia, a motivação e o objetivo e, finalmente, o esboço do trabalho de dissertação é apresentado.

No Capítulo 2 é apresentada uma breve revisão do trabalho (pesquisa bibliográfica) realizado por vários autores até à data e relacionado com a investigação considerada nesta tese.

C capítulo 3 discute o sistema de conversão de energia eólica, as diferentes topologias de geradores e, em seguida, o gerador síncrono de ímanes permanentes (PMSG) e as suas topologias de conversores.

C capítulo 4 dá informações pormenorizadas sobre os códigos de rede, o historial da rede, os requisitos da rede, as estratégias LVRT e pormenores sobre o STATCOM.

C capítulo 5inclui o desenvolvimento do sistema de um parque eólico em MATLAB/SIMULINK com diferentes casos e um modelo de tipo proto (monofásico)

A análise dos resultados da simulação e do banco de ensaios do tipo proto é apresentada no capítulo 6

O capítulo 7 resume e conclui o trabalho realizado nesta dissertação e sugere uma orientação para possíveis trabalhos futuros nesta área de investigação estimulante

CAPÍTULO 2
REVISÃO DA LITERATURA

Marta Molinas *et al.* analisaram a curva de capacidade do LVRT para o SCIG, a análise do LVRT através da compensação de potência reactiva utilizando o STATCOM e o SVC na estabilidade transitória é investigada. Nesta investigação, o PSCAD é utilizado para simulação e foi desenvolvida uma bancada de testes de hardware de demonstração para leituras práticas para diferentes classificações do STATCOM e do SVC. A partir de diferentes leituras do STATCOM e do SVC, observa-se que o STATCOM é muito melhor do que o SVC para a curva de capacidade LVRT. Por conseguinte, conclui-se que a STATCOM é uma solução mais económica em diferentes situações do que a SVC [4].

Peng Li et *al.* apresentaram uma panorâmica das tecnologias de controlo e monitorização de turbinas eólicas compatíveis com a rede. O trabalho está dividido em três partes principais;

i) critério de compatibilidade com a grelha (em relação aos protótipos)

ii) para a redução da carga - conceção do controlador com uma visão geral e sugestões e, por último

iii) otimização da potência

O principal objetivo deste trabalho é alargar o conhecimento da tecnologia amiga da rede para sistemas de energia de grande escala. [6]

Donglian Xie *et al.* estudaram e apresentaram um esquema de controlo LVRT abrangente para DFIG com suporte de potência reactiva melhorado. Neste trabalho, é apresentado o modo como a potência reactiva pode ser suportada por uma turbina eólica com DFIG através de uma nova estratégia de controlo. A nova estratégia de controlo não é mais do que um esquema avançado de controlo LVRT. Com base no critério LVRT e na conceção dos requisitos, a capacidade de potência reactiva no RSC e no GSC é tratada cuidadosamente para satisfazer os requisitos do novo código de rede. [16]

Christian Wessels *et al.* analisaram a estrutura de controlo da tensão do STATCOM para parques eólicos com geradores de indução de velocidade fixa (FSIG) para condições de tensão de rede desequilibrada. O controlo da tensão de sequência positiva e da tensão de sequência negativa foi proposto de forma independente, sendo dada prioridade à tensão de sequência positiva. A principal contribuição deste trabalho é a coordenação do controlo da tensão de sequência positiva e da tensão de sequência negativa pelo STATCOM e outros efeitos relacionados com o comportamento da turbina eólica. Aumento da estabilidade da tensão devido à tensão de sequência positiva. Devido à compensação da tensão de sequência negativa, aumenta o tempo de vida útil do grupo motriz do gerador e reduz a ondulação do binário. [14]

Li Shengqing *et al.* apresentaram um modelo de simulação do STATCOM em cascata para a rede de um parque eólico com um modelo de rede infinita. Para estabelecer este modelo de STATCOM em cascata, foram considerados três métodos, ou seja, controlo indireto da corrente, análise de simulação de curto-circuito e alteração da tensão. O resultado da simulação mostra como o STATCOM desempenha um papel importante na manutenção da estabilidade do sistema em cascata e também no cumprimento da capacidade de LVRT do sistema. [46]

Shiny K. Gorge *et al.* apresentaram a comparação de diferentes estratégias de controlo do STACOM para melhorar a qualidade da energia no sistema de conversão de energia eólica com carga não linear. Para a simulação do STATCOM, foram utilizados dois controladores: o primeiro é o controlador fuzzy e o segundo é o controlador Bang-Bang. A parte reactiva e harmónica da corrente do gerador de indução e a corrente de carga podem ser controladas injectando corrente na rede através do STATCOM. O controlador difuso é melhor do que o controlador Bang-Bang, que é analisado através da análise THD. A análise THD mostra que o controlador lógico difuso é simples e mais rápido do que o controlador Bang-Bang. [40]

Li Wang et al. apresentaram um relatório sobre a estabilidade dinâmica de parques eólicos offshore. Neste estudo, foram estudadas quatro turbinas eólicas de gerador síncrono de ímanes permanentes (PMSG) operadas em paralelo. O sistema de energia eléctrica offshore e o sistema de energia eléctrica onshore são ligados utilizando o STATCOM, para fornecer a reatividade adequada e oferecer um amortecimento apropriado. Para o STATCOM, foi concebido um controlador de amortecimento PID utilizando a teoria de controlo modal. A partir da simulação, conclui-se que o desempenho de ambos os sistemas de energia eléctrica ligados com o STATCOM proposto e o controlador de amortecimento PID concebido é melhorado.

Ibrahim et al. analisaram brevemente uma solução recente de passagem de baixa tensão para turbinas eólicas baseadas em geradores síncronos de ímanes permanentes (PMSG). [24] Nos últimos anos, a investigação sobre energia eólica ligada à rede tem aumentado consideravelmente. Para ligar grandes parques eólicos à rede, a LVRT é uma das diretrizes mais importantes. Assim, para uma turbina eólica baseada num gerador síncrono de ímanes permanentes (PMSG), foi estudada neste documento uma solução recente de LVRT

S .Chandrasekaran et al. discutiram a estratégia de controlo melhorada para a capacidade LVRT da turbina eólica de base DFIG. Durante as falhas da rede, o DFIG absorve potência reactiva da rede. As barras de coroa são utilizadas para a proteção dos conversores de potência durante uma falha na rede ou uma queda de tensão. Este trabalho apresenta principalmente duas estratégias, a primeira para a proteção do crowbar através do controlo da corrente de histerese e a segunda para a satisfação dos requisitos dos códigos de rede através do controlo da potência reactiva. A simulação em MATLAB mostra a eficácia do esquema de controlo proposto. [23]

Lihui Yang et al. concentraram-se no controlo do conversor, ou seja, no controlo do conversor do lado do rotor (RSC) e do conversor do lado do gerador (GSC), para melhorar a capacidade de LVRT do DFIG. Quando ocorre uma falha no ponto de acoplamento comum (PCC), esta estratégia desempenha um papel importante. Os transitórios na tensão CC e na corrente do circuito do rotor são efetivamente suprimidos por esta estratégia, o que é demonstrado nos resultados da simulação. Em comparação com a proteção convencional por crowbar (apresentada no artigo anterior), este método proporciona um melhor comportamento transitório durante uma queda de tensão de curta duração. Ao implementar esta estratégia, conclui-se também que o impacto na construção mecânica da turbina eólica é observado. [22]

Marta Molinas *et al.* verificaram os resultados experimentais para a melhoria da margem de estabilidade transitória no sistema elétrico com turbina eólica SCIG integrada através do STATCOM. Existem diferentes soluções dependendo do tipo de tecnologia do gerador. O STATCOM é uma das melhores soluções para o suporte de tensão em caso de queda ou descida de tensão. O STATCOM é utilizado para regular a tensão como compensador shunt ligado à turbina eólica. Nesta experiência, foram estudados os resultados da simulação e da instalação experimental, que mostram claramente o aumento da margem de estabilidade transitória. [5]

Christian vessels et al. analisaram a estrutura de controlo da tensão de um parque eólico de velocidade fixa utilizando o STATCOM em condições de tensão de rede desequilibrada. O tipo de gerador eólico utilizado é o SCIG no parque eólico, que está diretamente ligado à rede juntamente com o STATCOM sob tensão de rede desequilibrada. Para controlar a tensão de sequência positiva e a tensão de sequência negativa, é utilizada uma estrutura controlada por STATCOM com controlo de capacidade. Ao utilizar esta estratégia de controlo, a compensação da tensão de sequência positiva garante o máximo aumento do LVRT. [45]

Victor Flores Mendes et al. analisaram e verificaram o comportamento do DFIG durante a queda de tensão simétrica através de simulação, análise matemática e resultados experimentais. [29] O foco principal é a queda de tensão equilibrada, ou seja, a resposta natural da ligação do fluxo do estator, que causa altas correntes e tensões oscilatórias no rotor. O ajuste do controlo afecta o amortecimento do fluxo natural, o que é claramente demonstrado no desenvolvimento matemático e nos resultados experimentais. Foi proposto o controlo da corrente de magnetização para aumentar o amortecimento do fluxo natural.

Chia-Tse Lee et al. apresentaram um método de controlo para satisfazer os requisitos de LVRT durante a queda de tensão da rede de conversores ligados à rede. Para suportar a tensão da rede durante o LVRT, este método apresenta a forma como a potência real e a corrente reactiva são injectadas em sequência positiva e negativa. Durante a injeção de potência real e corrente reactiva, a corrente de saída do conversor nunca excede alguns limites de amperes predefinidos. Devido a esta caraterística, a fiabilidade do funcionamento do LVRT pode ser melhorada. [27]

Dionisio Ramirez et al. relataram que, ao fornecer DVR ao Gerador de Indução em Gaiola de Esquilo, o SCIG é capaz de permanecer ligado à rede durante a queda de tensão. Neste trabalho, foi demonstrado como o DVR contribui para a recuperação da tensão da rede. É apresentado um esquema de controlo em duas etapas: em primeiro lugar, a queda de tensão com o fasor de tensão da rede em série com o fasor de tensão é compensada pelo DVR. Em segundo lugar, a fim de injetar potência reactiva na rede, a tensão em série é rodada. [25]

Tarek Medalel Masaud et al. estudaram a implementação do STATCOM num parque eólico ligado à rede baseado em DFIG. Durante uma falha ou perturbação da rede, manter a estabilidade da tensão é o principal desafio. Neste contexto, para ultrapassar o problema da estabilidade da tensão, foi estudada a implementação do STATCOM. Para proteção do DFIG, o STATCOM foi implementado como compensador de potência dinâmica no ponto de acoplamento comum (PCC) para manter a tensão estável. O modelo de simulação desenvolvido em MATLAB/Simulink e os seus resultados mostram que o STACOM melhora a estabilidade transitória. [47]

Liu Sheng-wen et al. estudaram o novo LVRT da turbina eólica PMSG de acionamento direto. Com base no controlo de potência tradicional, é proposto um esquema de controlo da transformação de potência. Para regular a tensão da ligação CC, este esquema utiliza o conversor do lado do gerador (GSC), enquanto o conversor do lado da rede é utilizado para controlar a potência óptima. A falha do sistema faz cair significativamente a tensão mostrada nos resultados da simulação. Este método de controlo permite uma redução efectiva da tensão do elo CC. [48]

CAPÍTULO 3
SISTEMA DE CONVERSÃO DE ENERGIA EÓLICA

3.1 Configurações

As configurações das turbinas eólicas podem basear-se nos seguintes pontos:

i) Com ou sem caixa de velocidades,

ii) O gerador pode ser síncrono ou assíncrono e

iii)Finalmente, a ligação à rede pode ser feita diretamente ou através de um conversor de energia.

Dependendo da configuração da turbina eólica, podem ser utilizados diferentes modos de funcionamento. Estes modos são ainda classificados em;

a) velocidade fixa

b) velocidade variável.

O sistema de funcionamento a velocidade fixa é muito simples e, por conseguinte, o seu custo é geralmente baixo. A principal desvantagem é a conversão de eficiência, que está longe de ser óptima. Normalmente, é utilizado um gerador assíncrono que está diretamente ligado à rede. Para o funcionamento a velocidade variável, obtém-se a máxima eficiência; para maximizar a potência extraída do vento, o sistema é controlado. Normalmente, por meio de um conversor de potência, são ligados à rede. Desta forma, o custo de todo o sistema aumenta, mas permite o controlo total do sistema. Entre todas estas configurações, devido a uma maior eficiência e flexibilidade de controlo, que se está a tornar muito importante para cumprir os requisitos da rede, a tendência é para utilizar turbinas eólicas de velocidade variável.

No entanto, devido à complexidade da estrutura e do controlo dos sistemas de energia eólica variável, são necessários conversores electrónicos de potência para ligar o gerador à rede. O gerador síncrono de ímanes permanentes (PMSG) é uma solução interessante que se baseia no funcionamento a velocidade variável. Uma vez que a velocidade da turbina eólica é variável, os dispositivos electrónicos de potência controlam o gerador. Não é necessário um sistema de excitação DC, uma vez que existem ímanes permanentes. É possível funcionar a baixas velocidades e sem caixa de velocidades com um gerador síncrono multipolar. Assim, evitam-se as perdas e a manutenção da caixa de velocidades.

3.2 Tipos de geradores eólicos

1. Gerador de indução em gaiola de esquilo (SCIG),
2. Gerador de indução de alimentação dupla (DFIG),
3. Gerador síncrono de transmissão direta (DDSG)
4. Gerador síncrono magnético permanente (PMSG)
5. Gerador síncrono com excitação eléctrica (EESG),
6. Uma nova turbina eólica de regulação da velocidade frontal (FESR)

Parâmetro	Fixo Pitch	DFIG	DDSG	FESR
Tipo	SCIG	DFIG	PMSG /EESG	PMSG /EESG
Tamanho, peso, custo	Baixa	Baixa	Elevado	Elevado
Gerador complexidade	Anel deslizante E Escova	Anel deslizante E Escova	PMSG: Sem escovas, Desmagnetização EESG: Conceção complexa	PMSG: Sem escovas, Desmagnetização EESG: Conceção complexa
Custo de manutenção do gerador	Elevado	Elevado	Médio	Médio
Tipo de unidade de tração	Caixa de velocidades	Caixa de velocidades	Sem engrenagens	Caixa de velocidades híbrida
Tipo de conversor	Nenhum	IGBT, baixa corrente	IGBT, alta corrente	Nenhum
Capacidade do conversor	Nenhum	Potência parcial	Potência máxima	Nenhum
Estabilidade do conversor	Nenhum	Médio	Elevado	Nenhum
Efeito da queda de tensão da rede	Sério	Médio	Relativamente baixo	Relativamente baixo
Corrente de funcionamento	Não sinusoidal	Não sinusoidal	Quasi-Sinusoidal	Quasi-Sinusoidal
Controlo da distorção harmónica	Difícil	Difícil	Fácil	Fácil
Tamanho, preço, custo de manutenção do módulo de controlo	Pequeno, Médio, Baixo	Médio, Médio, Alto	Grande, Alto, Baixo	Médio, Médio, Baixo
Eficiência do módulo de controlo	Baixa	Médio	Elevado	Elevado
Nível de grelha	Nenhum	Baixa	Médio	Elevado

Tabela 3.1: Comparação das caraterísticas de quatro turbinas eólicas típicas [6]

3.3 Modelação de turbinas eólicas

Este bloco implementa um sistema de conversão de energia eólica. As entradas são a velocidade atual e a velocidade necessária e a saída é a potência mecânica (P_{ω}).

A quantidade de energia aproveitada do vento de velocidade v é a seguinte

$$P_{\omega}=1/2\ \rho A C_{p} v^{3}$$

Onde,

P_{ω} = potência eólica em watts

ρ = densidade do ar em kg/m^3

A= área varrida em m^2

C_p = coeficiente de potência da turbina eólica

v= velocidade do vento em m/s

3.4 Topologias de conversores PMSG

Os tipos de conversores utilizados para o PMSG são os seguintes

i) Conversor de dois níveis

ii) Conversor multinível

iii) Conversor matricial

i) Conversor de dois níveis

Trata-se de um conversor AC-DC-AC. O conversor de dois níveis é constituído por seis transístores bipolares de porta isolada (IGBTs) comandados unidireccionalmente, utilizados como retificador, e com o mesmo número de IGBTs utilizados como inversor. Existem dois IGBTs identificados por /, respetivamente com *i* igual a *1* e *2,* ligados à mesma fase. Cada grupo de dois IGBTs ligados à mesma fase constitui uma perna *k* do conversor. Assim, cada IGBT pode ser identificado unicamente pelo par de ordem *(i, k).* O estado de condução lógica de um IGBT identificado por (*i, k)* é indicado por *Sik.* O retificador está ligado entre a bateria de condensadores e o PMSG, enquanto o inversor está ligado entre esta bateria de condensadores e um filtro de segunda ordem, que por sua vez está ligado à rede eléctrica. A configuração é mostrada na Fig. 3.1

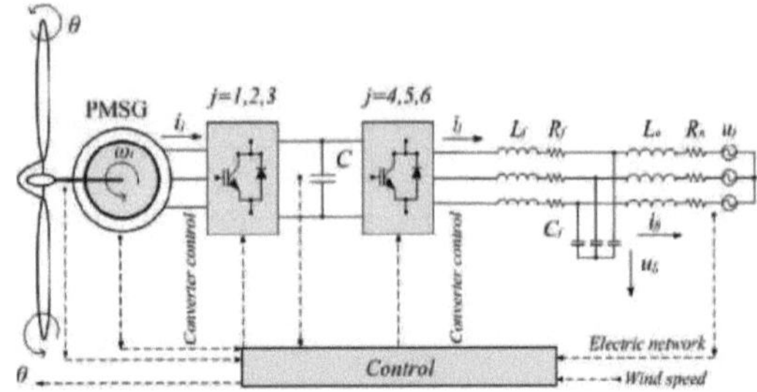

Fig. 3.1 Sistema de conversão de energia eólica utilizando um conversor de dois níveis

ii) Conversor multinível

Trata-se de um conversor AC-DC-AC. O conversor multinível com doze IGBTs de comando unidirecional é utilizado como inversor e com o mesmo número de IGBTs é utilizado como retificador. O retificador está ligado entre o PMSG e uma bateria de condensadores. O inversor está ligado entre esta bateria de condensadores e um filtro de segunda ordem, que por sua vez está ligado a uma rede eléctrica. Os grupos de quatro IGBTs ligados à mesma fase constituem uma perna *k* do conversor. A configuração é mostrada na Fig. 3.2

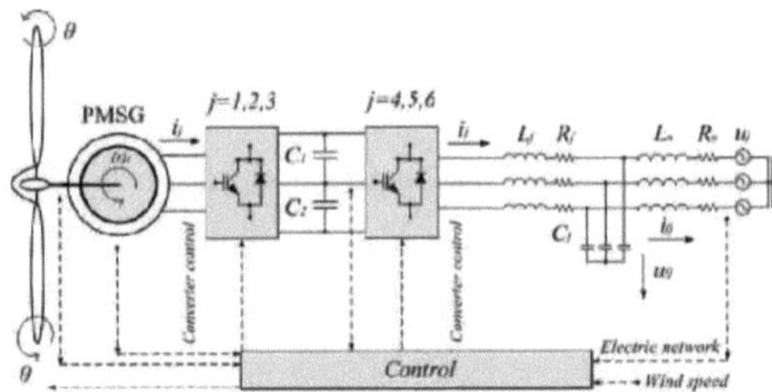

Fig. 3.2 Sistema de conversão de energia eólica utilizando um conversor multinível

iii) Conversor matricial

Trata-se de um conversor CA-CA. O conversor matricial é constituído por nove transístores bipolares de porta isolada (IGBTs) comandados bidireccionalmente. O estado de condução lógica de um IGBT é indicado por S_{ij} . O conversor matricial está ligado entre um filtro de primeira e de segunda ordem. O filtro de primeira ordem está ligado a um PMSG, enquanto o filtro de segunda ordem está ligado a uma rede eléctrica. A configuração é mostrada na Fig. 3.3

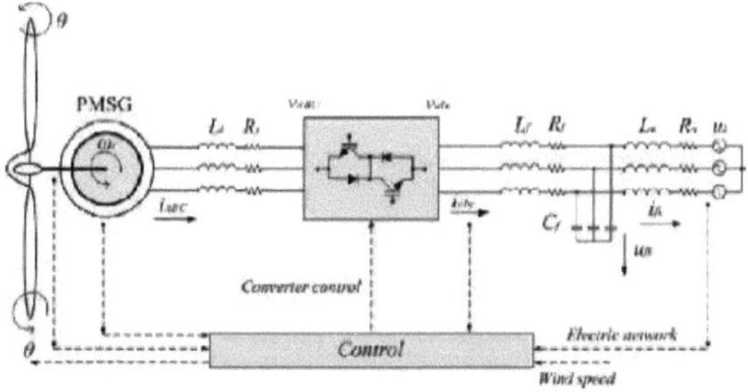

Fig. 3.3 Sistema de conversão de energia eólica utilizando um conversor matricial

CAPÍTULO 4

4. Formulação do problema e metodologia

4.1 Introdução ao código de grelha

Anteriormente, se ocorresse uma falha ou perturbação da rede, a instalação de energia eólica era imediatamente desligada. O objetivo desta desconexão é proteger todos os dispositivos electrónicos de potência associados à turbina. Mas a penetração da energia eólica tem vindo a aumentar rapidamente na última década, especialmente em países europeus como a Dinamarca, a Alemanha, a Espanha, etc., e em países asiáticos como a Índia, a China, etc. Este aumento da penetração da energia eólica pode afetar a estabilidade do sistema, ou seja, a ligação de turbinas eólicas de grande capacidade tem um grande impacto na rede. Por conseguinte, a ligação de parques eólicos à rede exige algumas condições essenciais. A elaboração destas condições é conhecida como "código de rede"

4.1.1 Ligação à rede de parques eólicos

Devido à variação da velocidade do vento ao longo do tempo, as funções e o desempenho dos parques eólicos são diferentes dos das centrais eléctricas convencionais, pelo que os seus impactos na rede também são diferentes dos das centrais convencionais. O aumento contínuo da quota-parte da energia eólica na produção de energia eléctrica aumentou a necessidade de resolver os problemas de integração na rede. Como referido na secção anterior, os códigos de rede não são mais do que a determinação dos requisitos de ligação à rede dos parques eólicos, desenvolvidos por grupos de investigação. Devido às novas tecnologias, estes códigos de rede estão a ser actualizados. [1]

4.1.2 Histórico dos códigos de grelha

Na Europa, no final dos anos 80, as empresas de redes de distribuição começaram a desenvolver as suas próprias regras ou normas de interconexão. Inicialmente, cada empresa de rede solicitava aos parques eólicos que seguissem as suas próprias regras, uma vez que estavam a enfrentar uma quantidade crescente de interconexões. Durante a década seguinte, ou seja, nos anos 90, estas regras de interligação foram compatibilizadas a nível nacional, como na Alemanha e em Espanha. Para um funcionamento fiável, os operadores de sistemas exigiram alguns requisitos, como uma elevada capacidade de potência de curto-circuito na ligação de parques eólicos. A compatibilidade destas regularidades numa única plataforma ajudou a uma maior penetração da energia eólica devido às precauções operacionais do sistema de energia. Atualmente, um grande número de pequenas turbinas eólicas é substituído por turbinas eólicas modernas de MW e é dada uma atenção significativa aos parques eólicos offshore, principalmente devido à ausência de limitações de espaço e à maior velocidade média do vento. Atualmente, os parques eólicos de grande potência começam a funcionar em sistemas de energia e, além disso, estão em construção ou em fase de planeamento parques eólicos de grande potência em todo o mundo. No entanto, a fim de alcançar objectivos como a fiabilidade e a segurança do aprovisionamento, um elevado nível de energia eólica na rede eléctrica apresenta novos desafios. Por conseguinte, diferentes países começaram a emitir "códigos de rede" específicos para a ligação dos parques eólicos à rede eléctrica, dirigidos ao sistema de transmissão e/ou ao sistema distribuído.

4.1.3 Requisito do código de grelha

O código de rede já está definido como requisito de ligação em diferentes condições; estas condições não incluem apenas o funcionamento contínuo, mas também os parques eólicos em condições de falha.

As condições essenciais não são mais do que alguns requisitos técnicos incluídos nos códigos de rede que variam consoante as redes.

Tecnicamente, a exigência de códigos de grelha divide-se em duas partes;

i) Requisito estático

ii) Necessidade dinâmica

O requisito estático inclui

i) Fator de potência

ii) Controlo da tensão

iii) Qualidade da tensão

iv) Harmónica

v) Frequência e cintilação

O requisito dinâmico inclui o desempenho da turbina eólica durante perturbações e sequências de falhas, ou seja

i) Capacidade de passagem em caso de avaria (FRT) ou de passagem em baixa tensão (LVRT)

ii) Capacidade de recuperação de avarias

O principal objetivo dos códigos de rede é dar uma ideia da especificação técnica cumprida por um modelo genérico de turbina eólica. O LVRT é um requisito dinâmico dos códigos de rede que é exigido por vários operadores de sistemas de transmissão (TSO). Em caso de queda ou perturbação da tensão, a turbina deve manter-se ligada à rede. Por outras palavras, os grandes parques eólicos devem permanecer ligados à rede durante os afundamentos de tensão até uma determinada percentagem da tensão nominal durante um período de tempo específico [9].

4.2 Tecnologia LVRT

Nos parques eólicos são utilizados diferentes geradores; dependendo do tipo de gerador, é aplicada a estratégia LVRT.

4.2.1 LVRT para velocidade fixa

O SCIG de velocidade fixa é o tipo de gerador eólico mais instável. Para o controlar, as únicas formas de o fazer são variar a tensão aplicada ao estator ou ajustar o ângulo de inclinação das pás da turbina e, consequentemente, a sua eficiência aerodinâmica (*Cp*). Devido ao momento de inércia das pás, em caso de falha da rede, não é possível aplicar a primeira opção com a rapidez necessária e, evidentemente, a segunda não é viável, uma vez que a tensão do estator é precisamente o que está fora de controlo. A intensidade da queda de tensão sentida pelos SCIGs resultante de uma falha na rede depende da localização da falha e da quantidade de energia produzida pelos geradores síncronos na área. Ao produzir energia reactiva, os geradores síncronos reagem às quedas de tensão. Os SCIGs necessitam desta energia para cobrir o seu próprio consumo acrescido e para cobrir a perda de produção das baterias de condensadores, bem como as perdas de reatividade nos transformadores e nas linhas eléctricas [9]. Devido a uma caraterística indutiva, as máquinas de indução não podem funcionar sem potência reactiva. A impedância de um SCIG pode ser aproximada da seguinte forma:

$$\acute{Z}_{SCIG} = [R_S + (R_S/S) + j\,(X_S+X_C) \parallel j\,X_m$$

O escorregamento *s* aumenta durante e após uma queda de tensão, uma vez que o rotor está a acelerar. Isto resulta numa diminuição da impedância do gerador. Isto significa que é permitida uma corrente mais elevada através dele e, consequentemente, consome mais potência reactiva.

4.2.2 LVRT para velocidade variável

Nos SCIGs de velocidade fixa, não há controlo elétrico direto do binário e da velocidade [13], ao passo que as estratégias LVRT dos geradores de velocidade variável dizem respeito principalmente à proteção contra sobretensões e sobrecorrentes e à libertação das turbinas da potência que absorvem durante as perturbações da rede.

Os geradores síncronos (EESGs e PMSGs) são os mais fáceis de obter LVRT. Duas estratégias: a primeira consiste em aplicar uma carga de descarga controlada por um chopper CC [21] no elo CC do conversor do estator. Desta forma, a energia retirada do rotor durante a queda de tensão da rede é queimada na resistência enquanto a tensão do estator é controlada. Em segundo lugar, através da implementação de um sistema de armazenamento de energia (ESS). Em vez de uma carga de descarga, a aplicação de um ESS no elo CC não altera o comportamento da WPU durante a falha da rede, mas o dispositivo tem a vantagem de poder suavizar a potência de saída durante o funcionamento normal.

4.3 Estratégias de passagem de baixa tensão

Foram estudadas várias técnicas de LVRT para melhorar a capacidade de LVRT. Estas revisões mostram as vantagens e desvantagens de cada técnica. A figura 4.1 seguinte mostra pormenorizadamente as técnicas de LVRT.

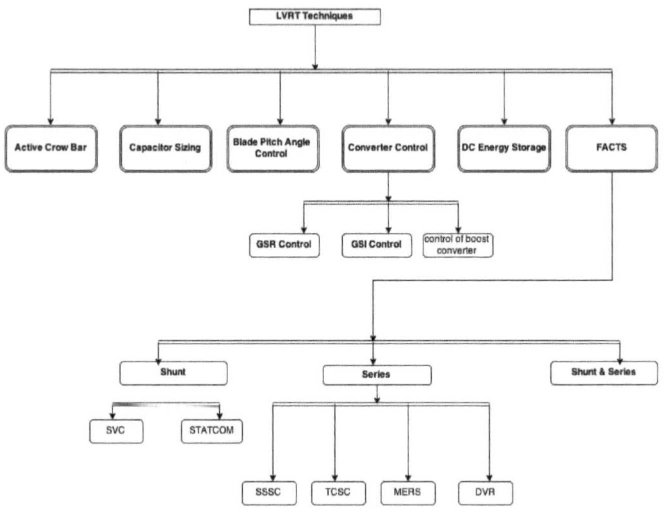

Fig.4.1 - Várias técnicas de LVRT para melhorar a capacidade de LVRT

4.3.1 Controlo do ângulo de inclinação da lâmina

Para reduzir a potência do vento, a análise do passo da pá é ajustada para evitar que o gerador acelere. Existem algumas limitações com a BPA, quando ligada a uma rede fraca. Durante as falhas, as forças dinâmicas resultam numa elevada taxa de recuperação de energia. O ângulo de inclinação das pás tem uma importância significativa na produção de energia eólica.

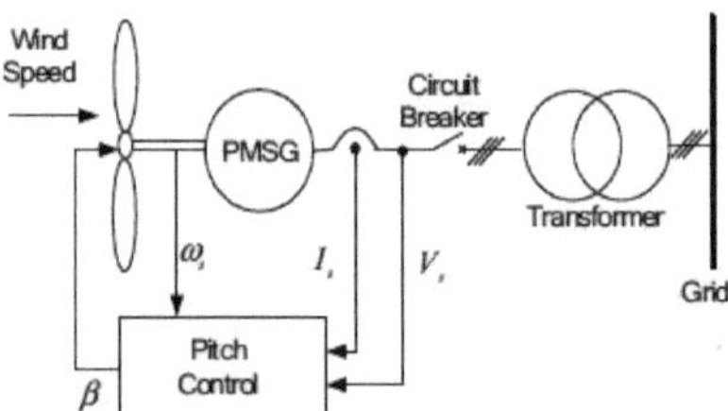

Fig.4.2 - Controlo do ângulo de inclinação da pá

4.3.2 Rotor de pé de cabra ativo

O rotor de pé de cabra ativo não é mais do que uma resistência de travagem. Para restabelecer o equilíbrio energético e dissipar o excesso de energia, é inserida uma resistência no circuito de ligação CC.

Para uma maior eficácia, foram utilizados interruptores **semicondutores** activos do tipo crowbar, como os GTO e os IGBT.

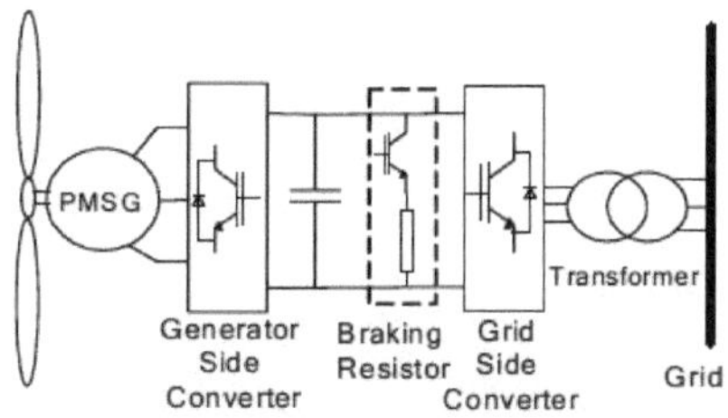

Fig.4.3 Rotor crowbar ativo

4.3.3 Dimensionamento de condensadores

Outro método consiste em lidar com o excesso de energia durante a queda de tensão ou defeito do condensador de ligação **CC**. Neste método, a potência do condensador é diretamente proporcional à tensão de defeito ou à tensão de descida, ou seja, se a duração de qualquer descida de tensão aumentar, o tamanho necessário do condensador aumentará e esta é a principal desvantagem, porque aumentará o custo da técnica.

4.3.4 Circuito de armazenamento de energia do barramento CC

Os sistemas de conversão de energia eólica (WECS) têm uma potência de saída flutuante devido à sua natureza e à variabilidade da velocidade do vento. O gerador eólico, em conjunto com um sistema de armazenamento de energia (ESS) adequado, elimina as flutuações e maximiza a fiabilidade da alimentação das cargas. O ESS pode ser útil para melhorar a capacidade de LVRT das turbinas eólicas, fornecendo um caminho alternativo para as correntes do gerador, impedindo-as eficazmente de afetar a tensão do condensador de ligação CC. As baterias de chumbo-ácido (LAB), as baterias de enxofre de sódio e as baterias de fluxo redox de vanádio (VRB) são baterias adequadas como ESS utilizadas no armazenamento de energia em grande escala devido à sua elevada escalabilidade, longa vida útil, baixo preço dos materiais, requisitos de manutenção e resposta rápida. Na prática, a LAB é mais dominante na quota de mercado, mas as VRB têm caraterísticas superiores, como maior densidade de energia e potência, maior tempo de vida e menor custo de manutenção [13-15]. Ao adicionar ESS baseados em VRB no barramento do elo CC, a energia pode ser armazenada ou libertada para suavizar a potência injectada na rede, bem como absorver a energia excessiva do barramento do elo CC para melhorar a capacidade do LVRT [16]. O método ESS é mais sensível à gravidade da falha do que ao tipo de falha e requer um conversor dc adicional e um dimensionamento adequado do conversor do lado do rotor. [5, 17]

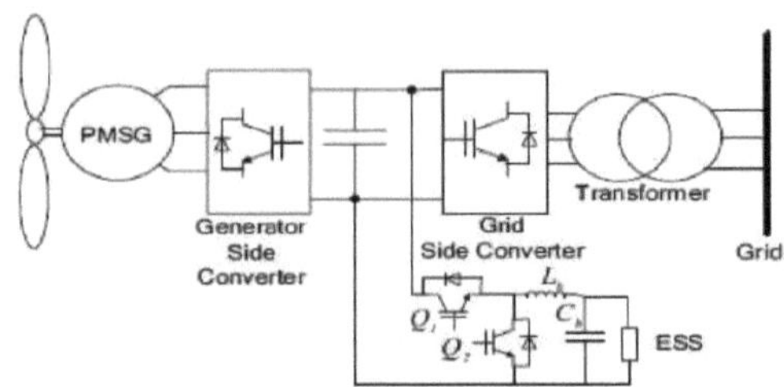

Fig.4.4- Técnica do sistema de armazenamento de energia (ESS)

4.3.5 Controlo dos conversores de potência nominal máxima:

O descarregamento da tensão de ligação CC da turbina eólica pode ser reduzido. As turbinas eólicas com conversor de potência nominal total podem ser descarregadas de várias formas para a ultrapassagem de falhas. Isto pode ser conseguido reduzindo o binário do gerador através do controlo do conversor do lado do gerador, bloqueando as potências de saída através do controlo do conversor do lado da rede das turbinas eólicas ou através do conversor de reforço se for utilizado um circuito de reforço na ligação CC.

1) Controlo do retificador do lado do gerador (GSR):

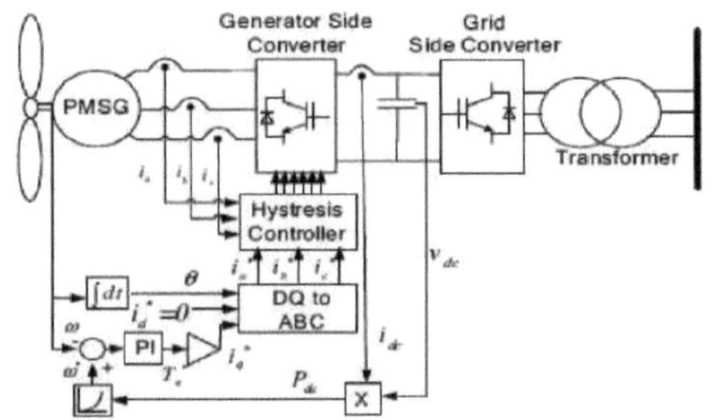

Fig.4.5 Controlo do retificador do lado do gerador (GSR)

2) Controlo do inversor do lado da rede (GSI):

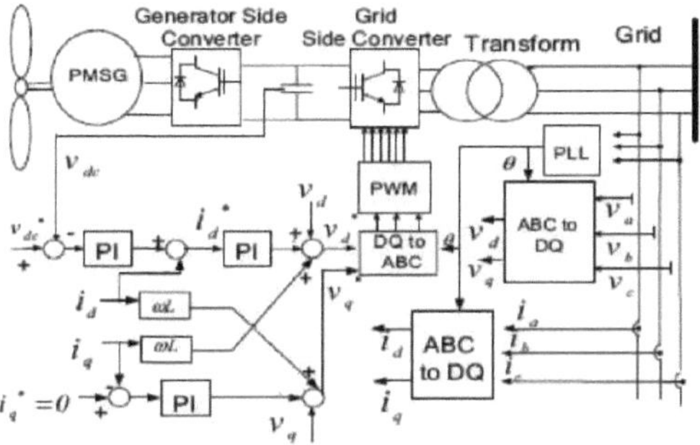

Fig.4.6 Controlo do retificador do lado da rede (GSR)

3) Controlo com conversor Boost:

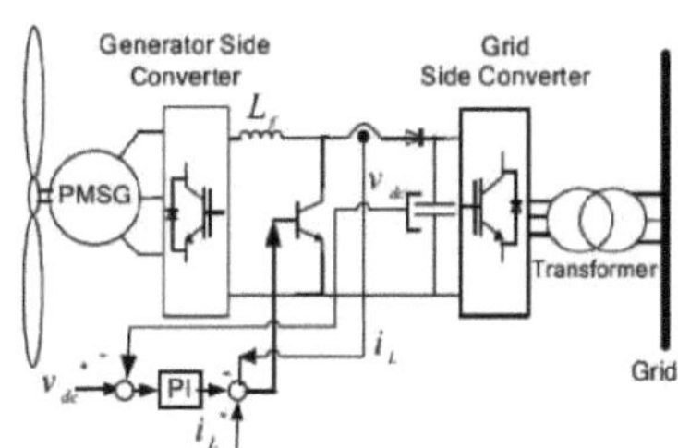

Fig.4.7 Controlo com conversor Boost:

4.3.6 FACTS e técnicas de compensação

Para a recuperação da potência reactiva e da tensão no ponto de acoplamento comum (PCC), foram propostas várias soluções utilizando técnicas de compensação FACT, sendo injectada uma grande corrente reactiva com compensação shunt, em que a dimensão da corrente reactiva é decidida pela diferença entre as necessidades de consumo do parque eólico e a quantidade de potência reactiva que pode ser transferida da rede com as condições de tensão dadas. Por outro lado, a base da compensação em série consiste em aumentar a transferência de potência reactiva da rede através da injeção de tensão capacitiva.

1) **Compensação** de derivação:

a) Compensador VAR estático (SVC)

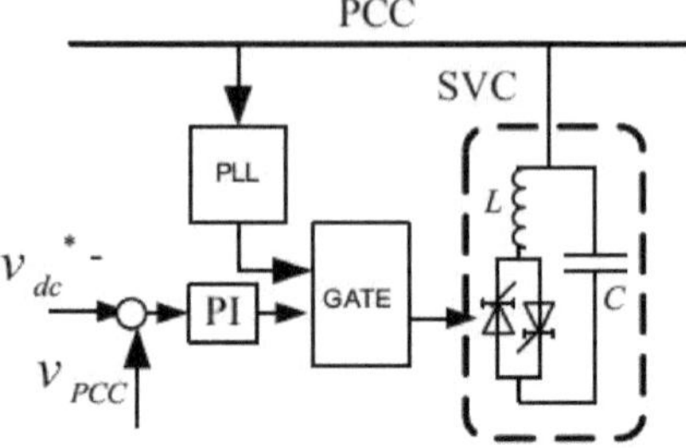

Fig.4.8 Compensação Shunt usando SVC

b) STATCOM

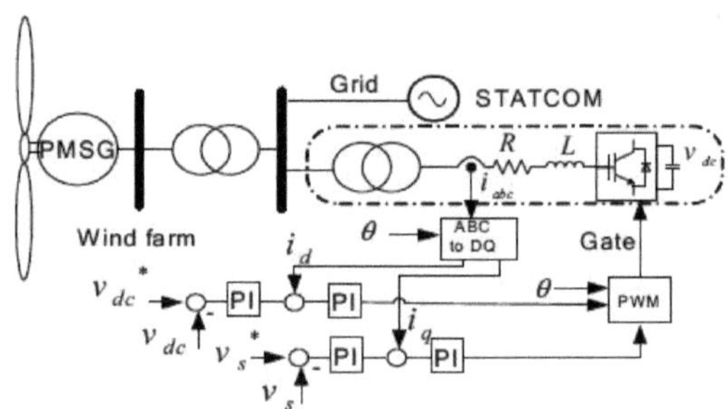

Fig.4.9 Compensação de derivação utilizando o STATCOM

2) Compensação de tensão em série

a) Condensador em série **controlado por** tiristor (TCSC):

b) Compensador estático síncrono em série (SSSC)

c) Restaurador de tensão dinâmico (DVR):

d) Interruptor magnético de recuperação de energia (MERS)

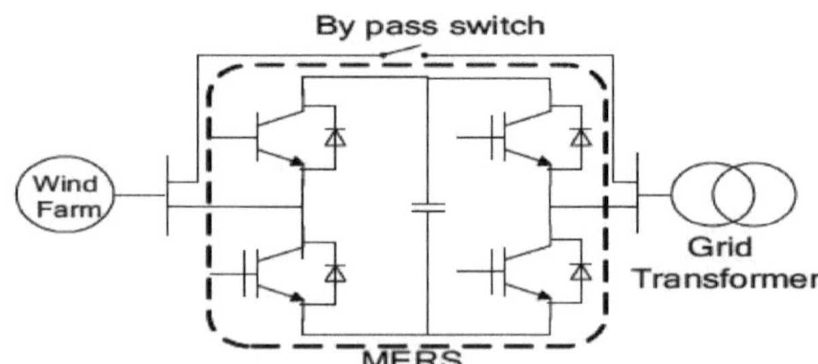

Fig.4.10 Compensação em série usando MERS

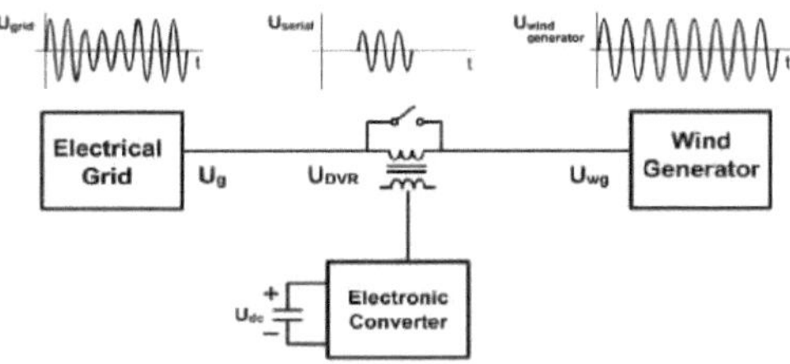

Fig.4.11 Restaurador de tensão dinâmico

3) Compensação em série e em derivação:

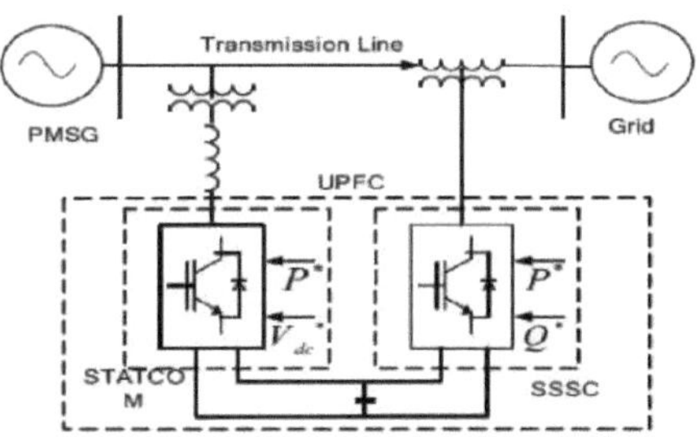

Fig.4.12 Compensação série e shunt usando UPFC

4.4 STATCOM

É necessário um equilíbrio entre a oferta e a procura de energia ativa e reactiva num sistema de energia eléctrica. Se o equilíbrio se perder, podem ocorrer excursões na tensão e na frequência do sistema, resultando, no pior dos casos, no colapso do sistema elétrico. Os factores mais importantes para o funcionamento estável do sistema de energia são o controlo da tensão e da potência reactiva adequadas. A tecnologia de compensação síncrona estática (STATCOM) é um dos sistemas avançados de eletrónica de potência conhecidos como controladores FACTS, que fornece energia reactiva capacitiva e indutiva rápida e contínua ao sistema de energia

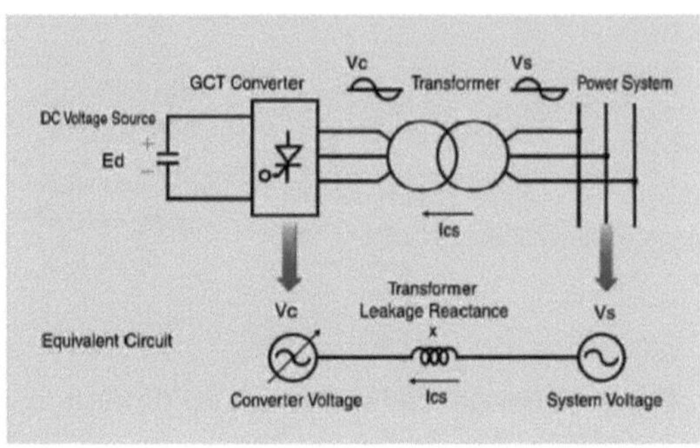

Fig 4.13: Configuração básica do STATCOM

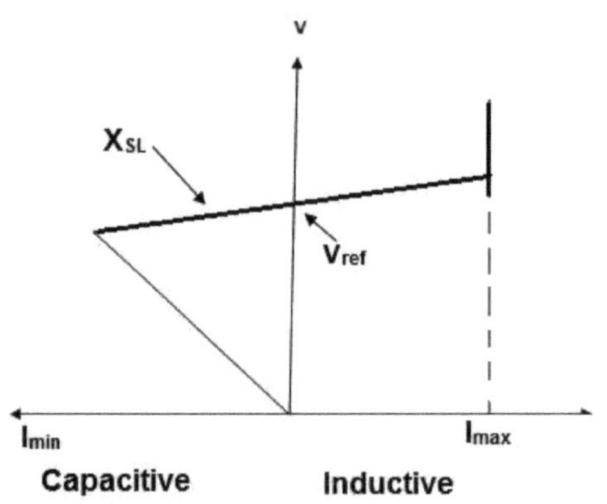

Fig 4.14 Caraterísticas VI típicas do STATCOM

O STATCOM é definido pelo IEEE como um conversor de potência comutável auto-alimentado a partir de uma fonte de energia eléctrica adequada e operado para produzir um conjunto de tensões multifásicas ajustáveis, que podem ser acopladas a um sistema de alimentação de corrente alternada para efeitos de troca de potência real e reactiva independentemente controlável. A compensação reactiva controlada no sistema de energia eléctrica é geralmente obtida com as variantes das configurações do STATCOM. O STATCOM foi definido de acordo com o CIGRE/IEEE com os três componentes estruturais operacionais seguintes. O primeiro componente é o **estático:**

baseado em dispositivos de comutação de estado sólido sem componentes rotativos; o segundo componente é o **síncrono:** análogo a uma máquina síncrona ideal com 3 tensões de fase sinusoidais à frequência fundamental; o terceiro componente é o **compensador:** dotado de compensação reactiva. [59][60]

4.5 Princípio de funcionamento do STATCOM

O STATCOM gera uma tensão trifásica equilibrada cuja magnitude e fase podem ser ajustadas rapidamente utilizando interruptores semicondutores. O STATCOM é composto por um inversor de fonte de tensão com um condensador dc, um transformador de acoplamento e um circuito de geração e controlo de sinais.

O inversor da fonte de tensão para o STATCOM de transmissão funciona em modo de várias pontes para reduzir o nível harmónico da corrente de saída. A figura seguinte mostra um circuito equivalente monofásico em que o STATCOM é controlado através da alteração do ângulo de fase entre a tensão de saída do inversor e a tensão do barramento no ponto de ligação comum. Assume-se que a tensão do inversor vi está em fase com a tensão terminal CA Vt.

O STATCOM fornece potência reactiva ao sistema de corrente alternada se a intensidade de Vi for superior à de Vt. Retira potência reactiva do sistema de corrente alternada se a magnitude de Vt for superior à de Vi.

Pode haver uma pequena troca de potência ativa entre o STATCOM e o EPS. A troca entre o inversor e o sistema de corrente alternada pode ser controlada ajustando o ângulo da tensão de saída do inversor ao ângulo da tensão do sistema de corrente alternada. Isto significa que o inversor não pode fornecer energia ativa ao sistema de corrente alternada a partir da energia acumulada em corrente contínua se a tensão de saída do inversor for anterior à tensão do sistema de corrente alternada. Por outro lado, o inversor pode absorver a potência ativa do sistema de corrente alternada se a sua tensão estiver atrasada em relação à tensão do sistema de corrente alternada.

Utilizando as equações clássicas que descrevem o fluxo de potência ativa e reactiva numa linha em termos de V_i e V_s , a impedância do transformador (que pode ser assumida como ideal) e a diferença de ângulo entre ambas as barras, podemos definir P e Q. O ângulo entre Vs e Vi no sistema é d. Quando o STATCOM funciona com d=0, podemos ver como a potência ativa enviada para o dispositivo do sistema se torna zero, enquanto a potência reactiva dependerá principalmente do módulo da tensão. Esta condição de funcionamento significa que a corrente que atravessa o transformador deve ter uma diferença de fase de +/-90° em relação a Vs. Por outras palavras, se Vi for maior que Vs, a reactiva será enviada para o STATCOM do sistema (funcionamento capacitivo), originando um fluxo de corrente nesse sentido. No caso contrário, o reativo será absorvido do sistema através do STATCOM (funcionamento indutivo) e a corrente fluirá no sentido oposto. Finalmente, se os módulos de Vs e Vi forem iguais, não haverá nem fluxo de corrente nem de reactivos no sistema.

Assim, podemos dizer que num estado estacionário Q depende apenas da diferença de módulo entre as tensões Vs e Vi. A quantidade de potência reactiva é proporcional à diferença de tensão entre Vs e Vi.

4.6 LOCALIZAÇÃO DO STATCOM

Os resultados da simulação mostram que o STATCOM fornece um apoio eficaz à tensão no barramento ao qual está ligado. O STATCOM é colocado o mais próximo possível do barramento de carga principalmente por duas razões: a primeira razão é que a localização do apoio à potência reactiva deve ser o mais próximo possível do ponto em que o apoio é necessário e, em segundo lugar, no sistema de ensaio estudado, a localização do STATCOM no barramento de carga é mais adequada porque o efeito da alteração da tensão é o mais elevado neste ponto.

A redução das perdas e o aumento da capacidade máxima de transferência são as principais vantagens da utilização de um STATCOM no sistema. O local no sistema que necessita de potência reactiva é geralmente escolhido para ser o local do STATCOM. A colocação de um STATCOM em qualquer barramento de carga reduz o fluxo de potência reactiva através das linhas, reduzindo assim a corrente na linha e também as perdas $I^2 R$. O envio de potência reactiva a baixas tensões num sistema que funciona perto do seu limite de estabilidade não é muito eficiente. Além disso, a quantidade total de transferência de potência reactiva disponível será influenciada pelos factores limitantes do fator de potência da linha de transmissão.

4.7 Aplicações típicas do STATCOM

Utilidades com nós de rede fracos ou cargas reactivas flutuantes, cargas desequilibradas, fornos de arco, parques eólicos, trituradores de madeira, operações de soldadura, trituradores e retalhadoras de automóveis, moinhos industriais, pás e guinchos mineiros são algumas das aplicações do STATCOM

4.8 Caraterísticas do STATCOM

A. O tamanho é compacto

B. Numa vasta gama de condições de funcionamento Suporte e estabilização da tensão do sistema através de um controlo suave.

C. Resposta dinâmica na sequência de contingências do sistema.

D. Elevada fiabilidade com design de conversor paralelo redundante e construção modular.

E. Flexibilidade de reconfiguração futura para várias configurações, como transmissão de energia Back to Back ou UPFC (Unified Power Flow Controller) e outras configurações.

N.º Sr.	Dispositivos FACTS	Fluxo de carga	Controlo da tensão	Estabilidade transitória	Estabilidade dinâmica
1	UPFC	Elevado	Elevado	Médio	Médio
2	TCSC	Médio	Baixa	Elevado	Médio
3	STATCOM	Elevado	Elevado	Médio	Médio
4	SVC	Baixa	Elevado	Baixa	Médio
5	SSSC	Baixa	Elevado	Médio	Médio

Tabela 4.2: Comparação de STATCOM

4.9 Aplicações dos STATCOMs na energia eólica

Nos últimos anos, a visão da contribuição dos dispositivos de compensação estática de VA em aplicações de energia eólica evoluiu. Inicialmente, no final da década de 90, assumia-se que a sua principal função era a melhoria da qualidade da energia eólica, ou seja, fixar um fator de potência de saída unitário e assim reduzir as quedas de tensão, a tremulação e as perdas eléctricas na rede durante o funcionamento normal [45]. O STATCOM experimental de 8 MVAr que foi instalado em 1998 no parque eólico de Rejsby Hede (Dinamarca) é um exemplo deste ponto de vista [46]. O interesse da utilização de dispositivos de Compensação Estática de Var em parques eólicos tem vindo a esmorecer, com o desenvolvimento e expansão dos geradores de indução duplamente alimentados e com a prática generalizada de ligar os parques eólicos em redes suficientemente fortes. No entanto, o interesse está a aumentar com o desenvolvimento de novos e mais restritivos requisitos de interligação. Até há pouco tempo, os parques eólicos eram obrigados a desligar-se da rede em caso de perturbação, perdendo assim a sua capacidade de produção num momento crítico para o funcionamento do sistema.

Consequentemente, os códigos de rede recentemente desenvolvidos [53] exigem-lhes uma capacidade de passagem *a baixa tensão* (LVRT): têm de ser capazes de suportar, sem desconexão, perturbações de tensão acima de uma determinada caraterística limite (definida em termos de profundidade e duração), como se mostra na Figura 4.15.

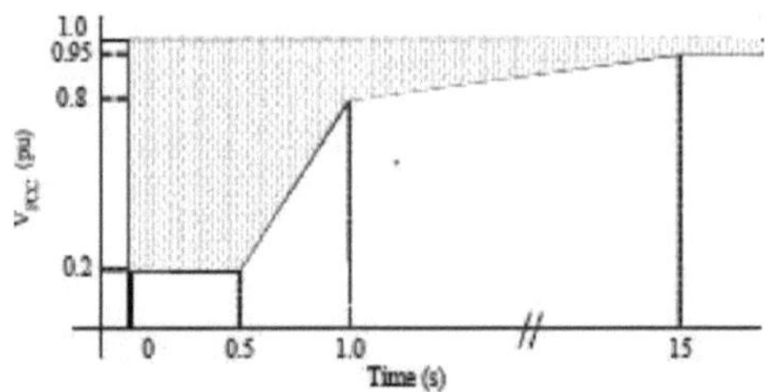

Fig. 4.15: Caraterística de passagem de falhas especificada pelo operador de rede espanhol [53].

CAPÍTULO 5

CONCEPÇÃO E MODELAÇÃO DO PROBLEMA

Para encontrar uma solução para o LVRT de parques eólicos baseados em PMSG, foram consideradas e desenvolvidas abordagens de simulação e de hardware. Para a simulação, é utilizado o MATLAB, para o qual é considerado um sistema padrão. Seguem-se os quatro casos diferentes de simulação de parques eólicos,

1. CASE-I Sistema sem defeito sem STATCOM
2. CASO-II Sistema sem defeito com o STATCOM
3. CASO-III Sistema com defeito sem STATCOM
4. CASO-IV Sistema com defeito com o STATCOM

5.1 Descrição do sistema estudado

A Figura 5.1 mostra o diagrama unifilar da turbina eólica baseada em PMSG que é considerada para estudo. Com base no mesmo, é considerado um modelo de simulação de um parque eólico de 1,5 MW cada, constituído por três turbinas eólicas PMSG

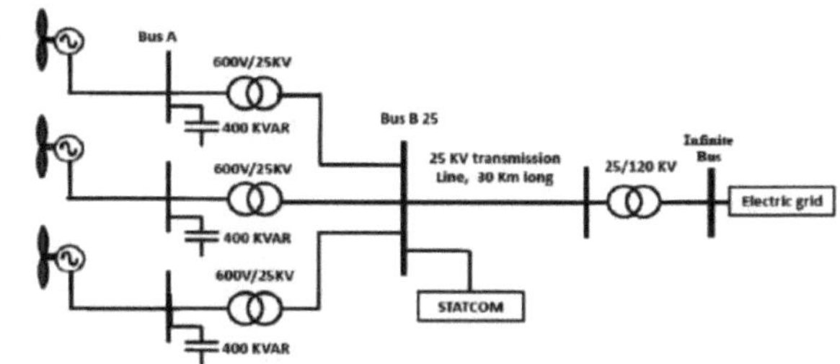

Fig 5.1 Diagrama unifilar do sistema estudado

O sistema acima considerado é estudado em duas condições: em primeiro lugar, no estado estacionário com e sem o STATCOM e, em segundo lugar, no estado de perturbação com e sem o STATCOM. Em ambos os casos acima mencionados, observa-se a tensão trifásica, a corrente, a potência ativa e a potência reactiva.

Parâmetro	Valor
Potência nominal (MW)	1.5
Tensão nominal (V)	300
Resistência do estator (Ω)	0.425
indutância do eixo d (H)	0.0082
indutância do eixo q (H)	0.0082
Ligação de fluxo (voltas Wb)	0.433
Par de pólos	5
Inércia do motor (kg m)^2	0.01197

Tabela 5.1 PARÂMETROS PMSG

5.2 Detalhes da SIMULAÇÃO

De seguida, apresentam-se quatro casos diferentes de simulação de parques eólicos desenvolvidos em MATLAB

1. CASE-I Sistema sem defeito sem STATCOM
2. CASO-II Sistema sem defeito com o STATCOM
3. CASO-III Sistema com defeito sem STATCOM
4. CASO-IV Sistema com defeito com o STATCOM

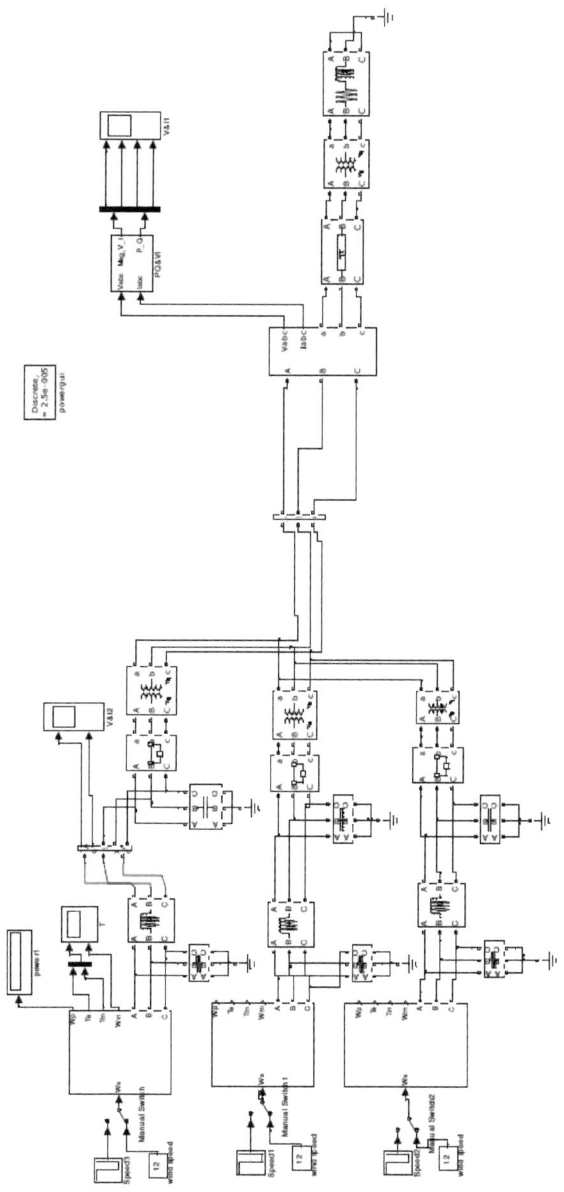

Fig 5.2 - Sistema CASE-1 sem defeito sem STATCOM

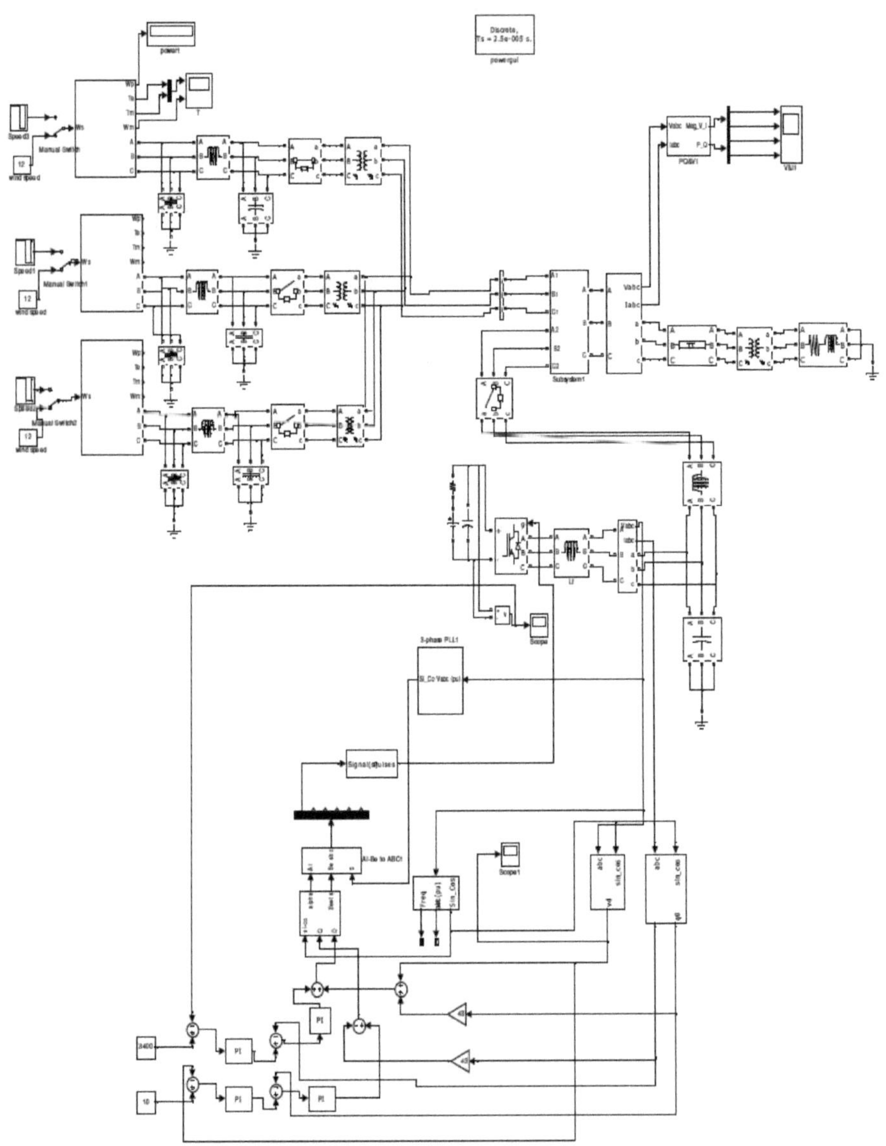

Fig 5.3 - CASO-II Sistema sem defeito com o STATCOM

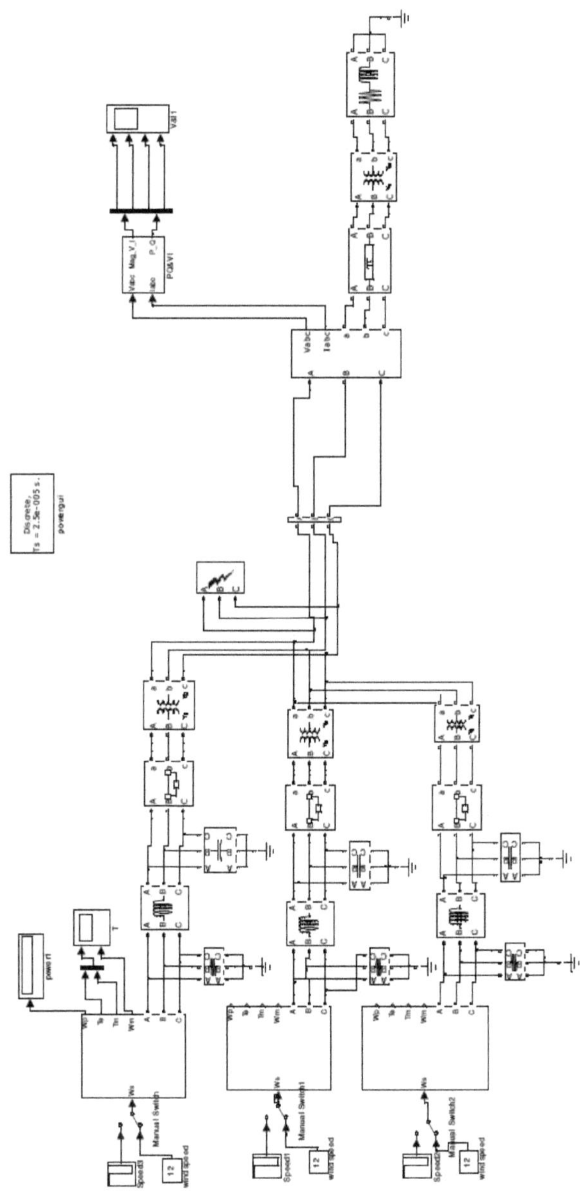

Fig 5.4 - Sistema CASE-HI com defeito sem STATCOM

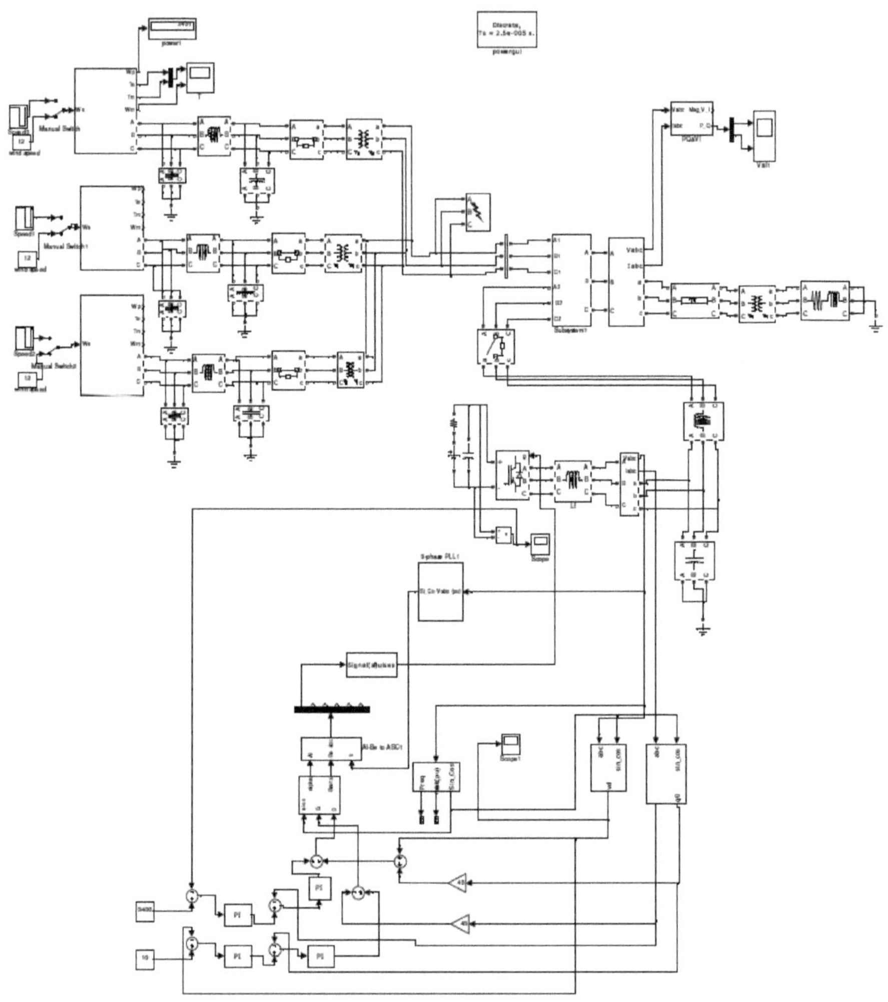

Fig 5.5 - CASO-IV Sistema com defeito com o STATCOM

5.3 BANCO DE ENSAIO DO TIPO PROTO

Fig 5.6 Protótipo de hardware de banco de ensaio

CAPÍTULO 6

ANÁLISE DOS RESULTADOS

No capítulo 5, já foram desenvolvidos o hardware e o modelo de simulação. Para o modelo de hardware, foi desenvolvido um banco de ensaios do tipo proto de circuito aberto monofásico e, para a simulação utilizando o MATLAB /SIMULINK, foram estudados quatro casos, dois dos quais em estado estacionário e dois em estado de perturbação. Neste capítulo, veremos a análise dos resultados de quatro casos diferentes de parques eólicos, que são

a. Sistema sem defeito e sem STATCOM

b. Sistema sem defeito e com o STATCOM

c. Sistema com defeito e sem STATCOM

d. Sistema com defeito e com STATCOM

Para os casos acima mencionados, a tensão, a corrente, a potência real e a potência reactiva foram observadas em relação ao STATCOM e sem a aplicação do STATCOM para o estado estacionário e o estado de perturbação.

Caso 1- Sem STATCOM sem falha mostra o modelo estudado para o estado estacionário, ou seja, sem falha A Fig. 6.1 mostra a) Tensão B) Corrente C) Potência real D) Potência reactiva, para o sistema sem falha e sem STATCOM

A Fig. 6.2 mostra a) Tensão B) Corrente C) Potência real D) Potência reactiva, para o sistema sem defeito e com o STATCOM

A Fig. 6.3 mostra a) Tensão B) Corrente C) Potência real D) Potência reactiva, para o sistema com defeito e sem o STATCOM Com defeito (durante 2,5 a 3 segundos) a potência real é 0,03 e a potência reactiva é 0,145

A Fig. 6.3 mostra a) Tensão B) Corrente C) Potência real D) Potência reactiva, para o sistema com defeito e com o STATCOM

Com defeito (durante 2,5 a 3 seg.) a potência real é 0,1 e a potência reactiva é 0,4

6.1 Caso 1- Sem STATCOM sem falha

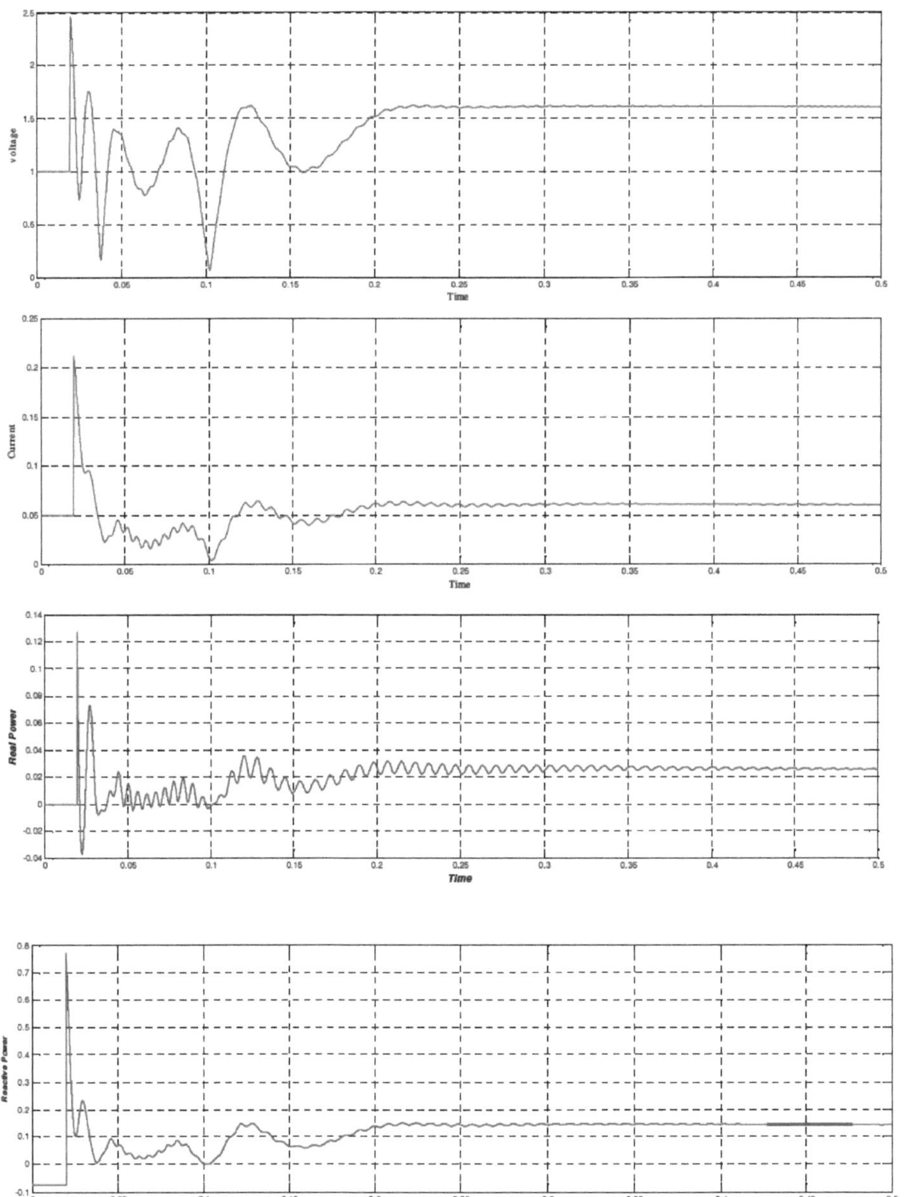

Fig 6.1 a) Tensão B) Corrente C) Potência real D) Potência reactiva, para o sistema sem defeito e sem o STATCOM

Caso 2- com o STATCOM sem defeito

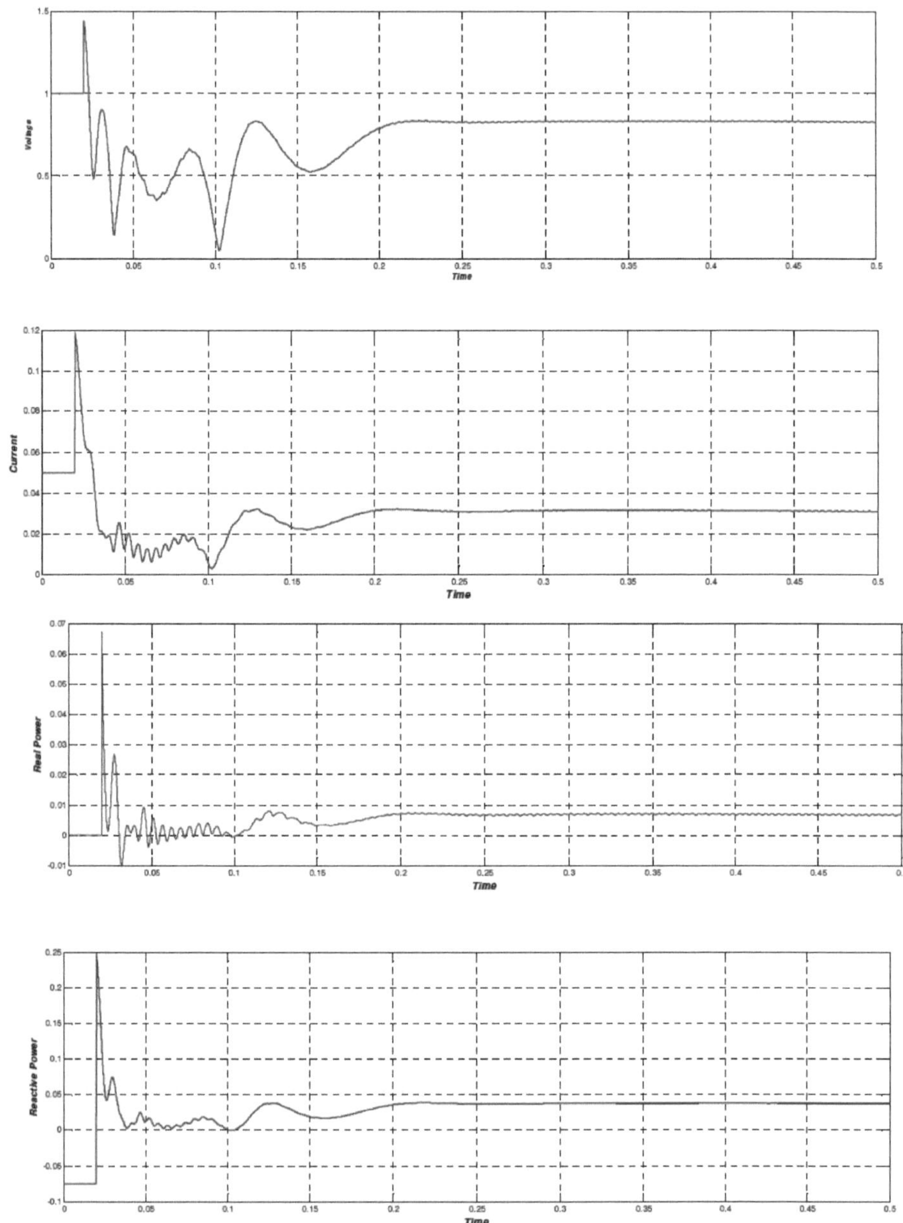

Fig 6.2 a) Tensão B) Corrente C) Potência real D) Potência reactiva, para o sistema sem defeito e com o STATCOM

3 Caso 3- sem STATCOM com defeito

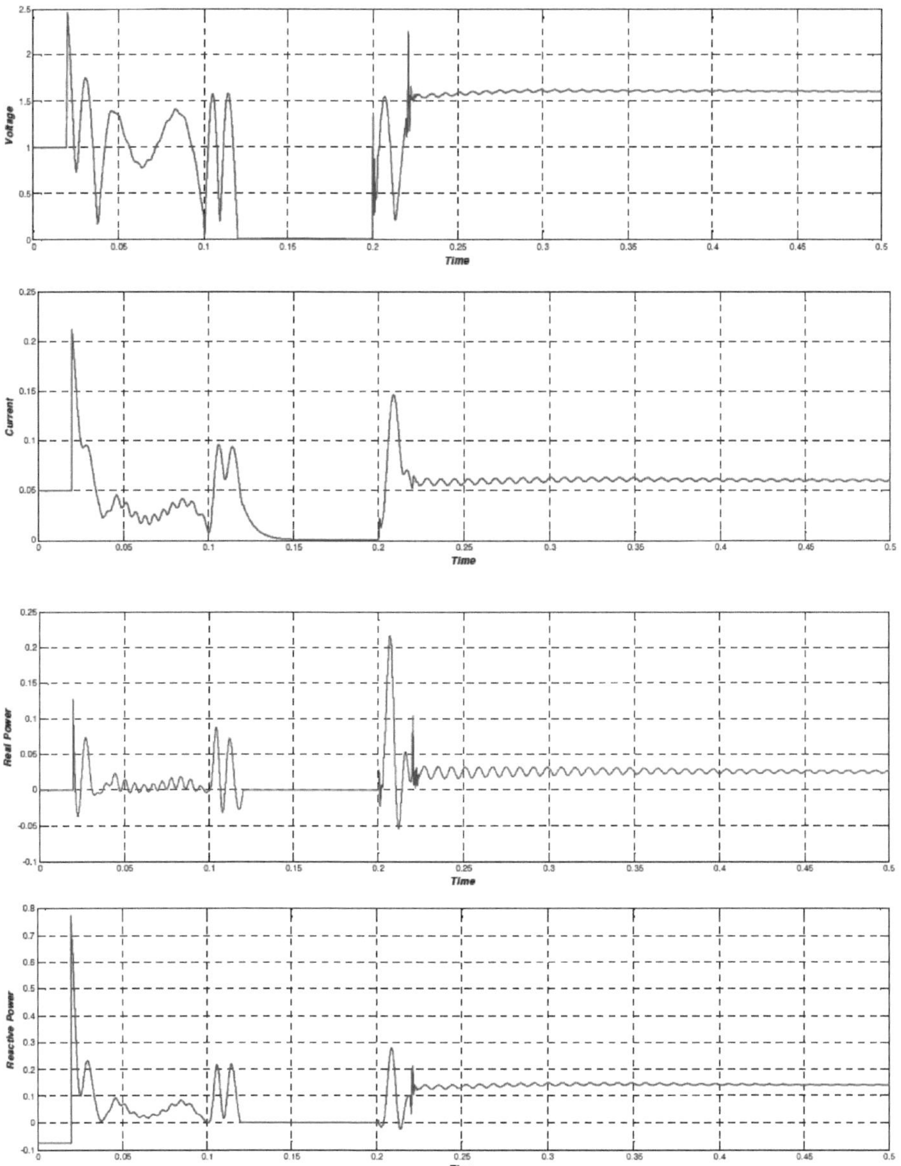

Fig 6.3 a) Tensão B) Corrente C) Potência real D) Potência reactiva, para o sistema com defeito e sem o STATCOM

6.4 Caso 4- com o STATCOM com defeito

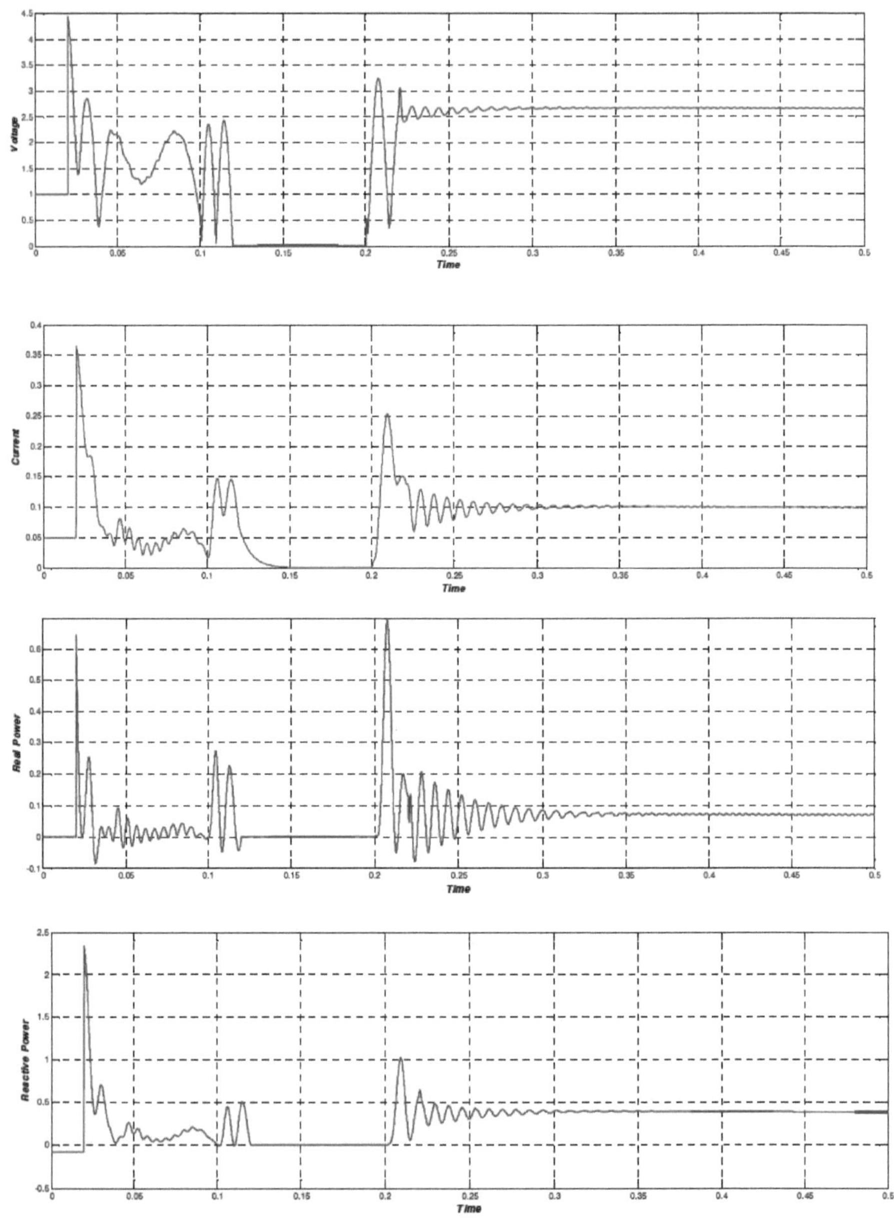

Fig 6.4 a) Tensão B) Corrente C) Potência real D) Potência reactiva, para o sistema com defeito e com o STATCOM

6.5 Resultados do hardware do tipo Proto

6.5.1 Saída sem controlador

6.5.2Saída com controlador

Resultado do tipo de protótipo de hardware de banco de ensaio

CAPÍTULO 7
CONCLUSÃO E PERSPECTIVAS FUTURAS

7.1 Conclusões

Esta tese investiga a aplicação do STATCOM para apoiar um parque eólico baseado em PMSG, a fim de cumprir a capacidade LVRT necessária. São estudados os efeitos da aplicação do STATCOM em diferentes casos de estado estacionário e de falha no comportamento do parque eólico. É investigado um modelo de simulação de um parque eólico de 4,5 MW (três de 1,5 MW cada) baseado em PMSG. Para quatro casos diferentes, ou seja, a) Sistema sem falhas e sem STATCOM, b) Sistema sem falhas e com STATCOM, c) Sistema com falhas e sem STATCOM, d) Sistema com falhas e com STATCOM, são observados e monitorizados parâmetros como a tensão, a corrente, a potência real e a potência reactiva, tanto em estado estacionário como em estado de falha.

7.2 Trabalho futuro

A tese considerou apenas duas condições, ou seja, o estado estacionário e o estado de defeito com um defeito entre a linha e a terra num local específico. No futuro, podem ser consideradas para estudo outras localizações de defeitos. Como solução do LVRT, outros dispositivos de facto podem ser verificados no futuro. A análise dos harmónicos do sistema e a avaliação de métodos para os reduzir podem ser feitas no futuro. Os defeitos no sistema podem ser alargados a outros tipos para observar a resposta do sistema.

Referência

1. Netz, E. O. N. "Grid Code High and extra high voltage". *E. ON Netz GmbH, Bayreuth* (2006).

2. Ullah, Nayeem Rahmat, Torbojrn Thiringer e Daniel Karlsson. "Suporte à estabilidade de tensão e transitória por parques eólicos em conformidade com o código de rede E. ON Netz." *Power Systems, IEEE Transactions on* 22.4 (2007): 1647-1656.

3. Blaabjerg, Frede, Marco Liserre e Ke Ma. "Conversores de eletrónica de potência para sistemas de turbinas eólicas". *Industry Applications, IEEE Transactions on* 48.2 (2012): 708-719.

4. Molinas, Marta, Jon Are Suul e Tore Undeland. "Passagem de baixa tensão em parques eólicos com geradores de gaiola: STATCOM versus SVC". *Power Electronics, IEEE Transactions on* 23.3 (2008): 1104-1117.

5. Jelani, Nadeem, e Marta Molinas. "Asymmetrical Fault Ride Through as Ancillary Service by Constant Power Loads in Grid-Connected Wind Farm." (2014): 1-1.

6. Li, Peng, et al. "Control and Monitoring for Grid-friendly Wind Turbines: Research Overview and Suggested Approach." (2015): 1-1.

7. Guo, Wenyong, et al. "Melhoria da capacidade LVRT do DFIG com limitador de corrente de falha do tipo interrutor". (2014): 1-1.

8. Ma, Cong, et al. "A Voltage Detection Method for the Voltage Ride- Through Operation of Renewable Energy Generation Systems Under Grid Voltage Distortion Conditions" (Um método de deteção de tensão para a operação de sistemas de geração de energia renovável em condições de distorção da tensão da rede).

9. Elbeji, Omessaad, Mouna Ben Hamed, e Lassaad Sbita. "Sistema de conversão de energia eólica PMSG: Modelação e Controlo". *International Journal of Modern Nonlinear Theory and Application* 3.03 (2014): 88.

10. Alepuz, Salvador, et al. "Utilização da energia armazenada na inércia do rotor do PMSG para a passagem de baixa tensão em sistemas de energia eólica baseados em conversores NPC back-to-back." *Industrial Electronics, IEEE Transactions on* 60.5 (2013): 1787-1796.

11. Geng, Hua, Cong Liu e Geng Yang. "Capacidade LVRT de WECS baseados em

DFIG sob condições de falha de rede assimétrica." *Industrial Electronics, IEEE Transactions on* 60.6 (2013): 2495-2509.

12. Hossain, Md Jahangir, et al. "Estratégias de controlo para aumentar a capacidade de LVRT dos DFIGs em sistemas de energia interligados". *Industrial Electronics, IEEE Transactions on* 60.6 (2013): 2510-2522.

13. Wessels, Christian, et al. "Controlo StatCom em parques eólicos com geradores de indução de velocidade fixa sob falhas de rede assimétricas." *Industrial Electronics, IEEE Transactions on* 60.7 (2013): 2864-2873.

14. Cardenas, Roberto, et al. "Overview of control systems for the operation of DFIGs in wind energy applications." *Industrial Electronics, IEEE Transactions on* 60.7 (2013): 2776-2798.

15. Xie, Dongliang, et al. "Uma estratégia de controlo LVRT abrangente para turbinas eólicas DFIG com suporte de potência reactiva melhorado". *Power Systems, IEEE Transactions on* 28.3 (2013): 3302-3310.

16. Miret, Jaume, et al. "Esquema de controlo com capacidade de suporte de tensão para inversores de geração distribuída sob afundamentos de tensão". *Power Electronics, IEEE Transactions on* 28.11 (2013): 5252-5262.

17. Cardenas, Roberto, Marta Molinas, e Jan T. Bialasiewicz. "Introdução à Secção Especial sobre Controlo e Integração na Rede de Sistemas de Energia Eólica - Parte II". *Industrial Electronics, IEEE Transactions on* 60.7 (2013): 2774-2775.

18. Ye, Hua, Juan Su, e Songhuai Du. "Simulação e análise do sistema de conversão de energia eólica baseado em PMSG usando diferentes modelos de cobertura". *Engenharia* 5.01 (2013): 96.

19. Wei, Jie, Zhenyu Lin e Nian Liu. "Pesquisa LVRT da turbina eólica PMSG usando linearização de feedback". *Engenharia de Energia e Potência* 5.04 (2013): 377.

20. Zhang, Xinyan, et al. "Fault Ride-Through Study of Wind Turbines" (Estudo de falhas em turbinas eólicas). *Journal of Power and Energy Engineering* 1.05 (2013): 25.

21. Yang, Lihui, et al. "Advanced control strategy of DFIG wind turbines for power system fault ride through." *Power Systems, IEEE Transactions on* 27.2 (2012): 713-722.

22. Chandrasekaran, S., et al. "Improved control strategy of wind turbine with DFIG for Low Voltage Ride Through capability." *Eletrónica de Potência, Accionamentos Eléctricos, Automação e Movimento (SPEEDAM), Simpósio Internacional de 2012.* IEEE, 2012.

23. Ibrahim, R. A., et al. "A review on recent low voltage ride-through solutions for PMSG wind turbine." *Eletrónica de potência, accionamentos eléctricos, automação e movimento (SPEEDAM), Simpósio Internacional de 2012.* IEEE, 2012.

24. Ramirez, Dionisio, et al. "Low-voltage ride-through capability for wind generators based on dynamic voltage restorers." *Conversão de energia, IEEE Transactions on* 26.1 (2011): 195-203.

25. Smater, Sebastian S., e Alejandro D. Dominguez-Garcia. "A framework for reliability and performance assessment of wind energy conversion systems." *Power Systems, IEEE Transactions on* 26.4 (2011): 2235-2245.

26. Lee, Chia-Tse, Che-Wei Hsu, e Po-Tai Cheng. "Uma técnica de passagem de baixa tensão para conversores ligados à rede de recursos energéticos distribuídos". *Industry Applications, IEEE Transactions on* 47.4 (2011): 1821-1832.

27. Montazeri, Miad Mohaghegh, David Xu e Bo Yuwen. "Melhoria da capacidade de passeio de baixa tensão do parque eólico usando STATCOMII". *2011 IEEE International Electric Machines & Drives Conference (IEMDC).* 2011.

28. Mendes, V. Flores, et al. "Modelação e controlo do ride-through de geradores de indução duplamente alimentados durante afundamentos de tensão simétricos". *Energy Conversion, IEEE Transactions on* 26.4 (2011): 1161-1171.

29. Muyeen, S. M., et al. "A variable speed wind turbine control strategy to meet wind farm grid code requirements." *Power Systems, IEEE Transactions on* 25.1 (2010): 331 -340.

30. Hossain, M. Jahangir, et al. "Simultaneous STATCOM and pitch angle control for improved LVRT capability of fixed-speed wind turbines." *Sustainable Energy, IEEE Transactions on* 1.3 (2010): 142-151.

31. Rolan, Alejandro, et al. "Modelação de uma turbina eólica de velocidade variável com um gerador síncrono de ímanes permanentes". *Eletrónica Industrial, 2009. ISIE 2009. Simpósio Internacional do IEEE.* IEEE, 2009.

32. Muyeen, S. M., et al. "Transient stability augmentation of power system including wind farms by using ECS." *Power Systems, IEEE Transactions on* 23.3 (2008): 1179-1187.

33. Joos, G. "Wind turbine generator low voltage ride through requirements and solutions." *Reunião Geral da Sociedade de Energia e Potência-Conversão e Fornecimento de Energia Eléctrica no Século XXI, 2008 IEEE.* IEEE, 2008.

34. Mittal, Rajveer, K. S. Sandhu, e D. K. Jain. "Passagem de baixa tensão (LVRT) de PMSG eólico com interface com a rede". *ARPN Journal of Engineering and Applied Sciences* 4.5 (2009): 73-83.

35. Kim, Ki-Hong, et al. "Esquema LVRT de sistemas de energia eólica PMSG baseado na linearização de feedback." *Power Electronics, IEEE Transactions on* 27.5 (2012): 2376-2384.

36. Phutane, Pravin S., e A. K. Jhala. "REVISTA INTERNACIONAL DE ENGENHARIA ELÉCTRICA E TECNOLOGIA (IJEET)". *Fator de Impacto do Jornal* 5.5 (2014): 36-43.

37. Phutane, Pravin S., e A. K. Jhala. "Solução de baixa tensão para turbina eólica PMSG usando STATCOM".

38. Tarafdar, H. M., M. A. Roshan, e A. Lafzi. "Melhoria da estabilidade dinâmica de um parque eólico ligado à rede utilizando STATCOM". *Engenharia Eléctrica/Eletrónica, Computadores, Telecomunicações e Tecnologias da Informação, 2008. ECTI-CON 2008. 5th International Conference on.* Vol. 2. IEEE, 2008.

39. George, Shiny K., e Fossy Mary Chacko. "Comparação de diferentes estratégias de controlo do STATCOM para a melhoria da qualidade da energia do sistema de energia eólica ligado à rede". *Automação, Computação, Comunicação, Controlo e Sensoriamento Comprimido (iMac4s), 2013 International Multi-Conference on.* IEEE, 2013.

40. Singh, Bindeshwar. "Introdução aos controladores FACTS em parques eólicos: A Technological Review". *International Journal of Renewable Energy Research (IJRER)* 2.2 (2012): 166-212.

41. Noureldeen, Omar. "Estratégias de passagem de baixa tensão para a rede

interligada de turbinas eólicas SCIG". *International Journal of Electrical & Computer Sciences IJECS-IJENS* 11.2 (2011): 59-64.

42. Wiik, Jan Arild, O. J. Fonstelien, e Ryuichi Shimada. "Um controlador FACTS em série do tipo MERS para a passagem de baixa tensão de geradores de indução em parques eólicos". *Eletrónica de Potência e Aplicações, 2009. EPE'09. 13ª Conferência Europeia sobre.* IEEE, 2009.

43. Wiik, Jan Arild, Francisco Danang Wijaya, e Ryuichi Shimada. "Caraterísticas do interrutor de recuperação de energia magnética (MERS) como um controlador FACTS em série." *Power Delivery, IEEE Transactions on* 24.2 (2009): 828-836.

44. Wessels, C., e F. W. Fuchs. "Lvrt de turbinas eólicas dfigwind - barra de flechas vs. solução de feedback de corrente do estator". *Capítulo de Energia Eólica da EPE 2010, Simpósio sobre*. 2010.

45. Shengqing, Li, et al. "Investigação da estabilidade da tensão da rede de parques eólicos com base no Cascade STATCOM". *Actas da Terceira Conferência Internacional de 2013 sobre Design de Sistemas Inteligentes e Aplicações de Engenharia.* IEEE Computer Society, 2013.

46. Masaud, Tarek Medalel e P. K. Sen. "Study of the implementation of STATCOM on DFIG-based wind farm connected to a power system. "*Innovative Smart Grid Technologies (ISGT), 2012 IEEE PES.* IEEE, 2012.

47. Sheng-wen, Liu, e Bao Guang-qing. "Um novo LVRT de turbina eólica de acionamento direto com ímanes permanentes". *Conferência de Engenharia de Potência e Energia (APPEEC), 2011 Ásia-Pacífico.* IEEE, 2011.

48. Saad-Saoud Z, Lisboa M, Ekanayake J, Jenkins N, Strbac G. A aplicação do STATCOMS a parques eólicos. IEE Proceedings Generation Transmission and Distribution, Vol.145, No 5, Sep.1998, pp 511-516.\

49. K. H. Sobrink, N. Jenkins, F. C. A. Schettler, J. Pedersen, K. O. H. Pedersen e K. Bergmann, "Reactive power compensation of a 24 MW wind farm using a 12-pulse voltage source converter", em Proc. CIGRE Int. Conf. Large High Voltage Electric Systems, 1998

50. Melhoria da qualidade da potência de saída de parques eólicos utilizando compensadores estáticos avançados Energia não nuclear - Componente I&D

(JOULE III), 1996-1998, Referência do projeto: JOR3950091

51. Aten M, Martinez J, Cartwright P.J. Fault Recovery of a Wind farm with Fixed-Speed Induction Generators using a STATCOM. Wind Engineering, Vol. 29, No. 4, 2005.

52. Xueguang W, Atputharajah A, Changjiang Z, Jenkins N. Application of a Static Reactive Power Compensator (STATCOM) and a Dynamic Braking Resistor (DBR) for the Stability Enhancement of a Large Wind Farm. Wind Engineering, Vol. 27, No. 2, 2003.

53. W. Freitas, A. Morelato, W. Xu, e F. Sato, "Impacts of ac generators and DSTATCOM devices on the dynamic performance of distribution systems," IEEE Trans. Power Delivery, vol. 20, no. 2, pp. 1493-1501, Abr. 2005.

54. C. Chompoo-inwai, C. Yingvivatanapong, K. Methaprayoon, e W. J. Lee, "Reactive compensation techniques to improve the ride-through capability of wind turbine during disturbance," IEEE Trans. Ind. Applicat., vol. 41, pp. 666-672, maio-Jun. 2005

55. H. Gaztanaga, I. Etxeberria-Otadui, D. Ocnasu e S. Bacha, "RealTime Analysis of the Transient Response Improvement of Fixed-Speed Wind Farms by Using a Reduced-Scale STATCOM Prototype". IEEE Transactions on Power Systems, Vol. 22, No. 2, maio de 2007

56. PO 12.3. Requisitos de resposta à queda de tensão das instalações eólicas, Procedimento de operação (em espanhol) Operador do Sistema Espanhol (REE), 2006.

57. R. Grünbaum, P. Halvarsson, D. Larsson, e P. R. Jones, "Conditioning of power grids serving offshore wind farms based on asynchronous generators," in Proc. IEE PEMD 2004, 2nd Int. Conf. Power Electronics, Machines and Drives, Edimburgo, Reino Unido, 2004.

58. Paserba, John J. "How FACTS controllers-benefit AC transmission systems. "*Transmission and Distribution Conference and Exposition, 2003 IEEE PES.* Vol. 3. IEEE, 2003.

59. Grünbaum, Rolf, Ake Petersson e Björn Thorvaldsson. "Improving the performance of electrical grids." *ABB Review3* (2002).

Printed by Books on Demand GmbH, Norderstedt / Germany